James Watt

François Arago

1854

Édition: BoD • Books on Demand GmbH, In de Tarpen 42, 22848 Norderstedt (Allemagne)

Impression: Libri Plureos GmbH, Friedensallee 273, 22763 Hamburg (Allemagne)

ISBN: 978-2-3225-4400-4

Dépôt légal : Août 2024

Traduction d'une note historique de LORD BROUGHAM, sur la découverte de la composition de l'eau

JAMES WATT

BIOGRAPHIE LUE EN SÉANCE PUBLIQUE DE L'ACADÉMIE DES SCIENCES, LE 18 DÉCEMBRE 1834.

Messieurs, après avoir parcouru la longue liste de batailles, d'assassinats, de pestes de famines, de catastrophes de tout genre qu'offraient les annales de je ne sais quel pays, un philosophe s'écria : « Heureuse la nation dont l'histoire est ennuyeuse ! » Pourquoi faut-il que l'on doive ajouter, au moins sous le point de vue littéraire : « Malheur à qui échoit l'obligation de raconter l'histoire d'un peuple heureux ! »

Si l'exclamation du philosophe ne perd rien de son à-propos, quand on l'applique à de simples individus, sa contre-partie caractérise avec une égale vérité la position de quelques biographes.

Telles étaient les réflexions qui se présentaient à moi, pendant que j'étudiais la vie de James Watt, pendant que je recueillais les communications bienveillantes des parents, des amis, des confrères de l'illustre mécanicien. Cette vie, toute patriarcale, vouée au travail à l'étude, à la méditation, ne nous offrira aucun de ces événements piquants dont le récit, jeté avec un peu d'art au milieu des détails de la science, en tempère la gravité. Je la raconterai cependant, ne fût-ce que pour montrer dans quelle humble condition s'élaboraient des projets destinés à porter la nation britannique à un degré de puissance inouï ; j'essaierai surtout de caractériser avec une minutieuse exactitude, les inventions fécondes qui lient à jamais le nom de Watt à celui de machine à vapeur. Je connais parfaitement les écueils de ce plan ; je prévois qu'on pourra dire, en sortant d'ici : Nous attendions un éloge historique, et nous venons d'assister à une leçon sèche et aride. Le reproche, au surplus, me paraîtrait peu grave, si la leçon avait été comprise. Je ferai donc tous mes efforts pour ne pas fatiguer votre attention ; je me rappellerai que la clarté est la politesse de ceux qui parlent en public.

James Watt, un des huit associés étrangers de l'Académie des sciences, naquit à Greenock, en Écosse, le 19 janvier 1736. Nos voisins de l'autre côté de la Manche ont le bon esprit de penser que la généalogie d'une famille honnête et industrieuse est tout aussi bonne à conserver que les parchemins de certaines maisons titrées, devenues seulement célèbres par l'énormité de leurs crimes ou de leurs vices. Aussi je puis dire avec certitude que le bisaïeul de James Watt était un cultivateur établi dans le comté d'Aberdeen ; qu'il périt dans l'une des batailles de Montrose ; que le parti vainqueur, comme c'était (j'allais ajouter, comme c'est encore l'usage dans les discordes civiles), ne trouva pas que la mort fût une expiation suffisante des opinions pour lesquelles le pauvre fermier avait combattu ; qu'il le punit, dans la personne de son fils, en confisquant sa propriété ; que ce malheureux enfant, Thomas Watt, fut recueilli par des parents éloignés ; que dans l'isolement absolu auquel sa position difficile le condamnait, il se livra à des études sérieuses et assidues ; qu'en des temps plus tranquilles, il s'établit à Greenock, où il enseigna les mathématiques et les éléments de la navigation ; qu'il demeura au bourg de Crawfords-dyke dont il fut magistrat, qu'enfin il s'éteignit en 1734, âgé de quatre-vingt-douze ans.

Thomas Watt eut deux fils. L'aîné, John, suivait à Glasgow la profession de son père. Il mourut à cinquante ans (en 1737), laissant une carte du cours de la Clyde, qui a été publiée par les soins de son frère James. Celui-ci, père du célèbre ingénieur, longtemps membre trésorier du conseil municipal de Greenock et magistrat de la ville, se fit remarquer dans ces fonctions par un zèle ardent et un esprit d'amélioration éclairé. Il *cumulait* (n'ayez point de crainte : ces trois syllabes, devenues aujourd'hui en France une cause générale d'anathème ne feront pas de tort à la mémoire de James Watt), il *cumulait* trois natures d'occupations : il était à la fois fournisseur d'appareils, d'ustensiles et d'instruments nécessaires à la navigation, entrepreneur de bâtisses et négociant, ce qui malheureusement n'empêcha pas qu'à la fin de sa vie, certaines entreprises commerciales ne lui fissent perdre une partie de la fortune honorable qu'il avait précédemment gagnée. Il mourut à l'âge de quatre-vingt-quatre ans, en 1782.

James Watt, le sujet de cet éloge, naquit avec une complexion extrêmement délicate. Sa mère, dont le nom de famille était Muirhead, lui donna les premières leçons de lecture. Il apprit de son père à écrire et à compter. Il suivit aussi l'école publique primaire de Greenock. Les humbles *grammar schools* écossaises auront ainsi le droit d'inscrire avec un juste orgueil le nom du célèbre ingénieur parmi ceux des élèves qu'elles ont formés, comme le collége de

La Flèche citait jadis Descartes, comme l'université de Cambridge cite encore aujourd'hui Newton.

Pour être exact, je dois dire que de continuelles indispositions ne permettaient pas au jeune Watt de se rendre assidûment à l'école publique de Greenock ; qu'une grande partie de l'année, il était retenu dans sa chambre et s'y livrait à l'étude, sans aucun secours étranger. Comme c'est l'ordinaire, de hautes facultés intellectuelles destinées à produire de si heureux fruits, commencèrent à se développer dans la retraite et le recueillement.

Watt était trop maladif pour que ses parents eussent la pensée de lui imposer des occupations assidues. Ils lui laissaient même le libre choix de ses distractions. On va voir s'il en abusait.

Un ami de M. Watt rencontra un jour le petit James étendu sur le parquet et traçant avec de la craie toute sorte de lignes entre-croisées. « Pourquoi permettez-vous, s'écria-t-il, que cet enfant gaspille ainsi son temps ? envoyez-le donc à l'école publique ! » M. Watt repartit : « Vous pourriez bien, Monsieur, avoir porté un jugement précipité ; avant de nous condamner, examinez attentivement ce qui occupe mon fils. » La réparation ne se fit pas attendre : l'enfant de six ans cherchait la solution d'un problème de géométrie.

Guidé par sa tendresse éclairée, le vieux James Watt avait mis de bonne heure un certain nombre d'outils à la disposition du jeune écolier. Celui-ci s'en servait avec la plus grande adresse ; il démontait et remontait les jouets d'enfant qui tombaient sous sa main ; il en exécutait sans cesse de nouveaux. Plus tard, il les appliqua à la construction d'une petite machine électrique, dont les brillantes étincelles devinrent un vif sujet d'amusement et de surprise pour tous les camarades du pauvre valétudinaire.

Watt, avec une mémoire excellente, n'eût peut-être pas figuré parmi les petits prodiges des écoles ordinaires. Il aurait refusé d'apprendre les leçons comme un perroquet, parce qu'il sentait le besoin d'élaborer soigneusement les éléments intellectuels qu'on présentait à son esprit ; parce que la nature l'avait surtout créé pour la méditation. James Watt, au surplus, augurait tres-favorablement des facultés naissantes de son fils. Des parents plus éloignés et moins perspicaces ne partageaient pas les mêmes espérances. « James, dit un jour madame Muirhead à son neveu, je n'ai jamais vu un jeune homme plus paresseux que vous. Prenez donc un livre et occupez-vous utilement. Il s'est écoulé plus d'une heure sans que vous ayez articulé un seul mot. Savez-vous ce que vous avez fait pendant ce long intervalle ? vous avez ôté, remis et ôté encore le couvercle de la théière ; vous avez placé dans le courant qui en sort, tantôt une soucoupe, tantôt une cuiller d'argent ; vous vous êtes évertué à examiner, à réunir entre elles et à saisir les gouttelettes que la condensation de la vapeur formait à la surface de la porcelaine ou du métal poli ; n'est-ce pas une honte que d'employer ainsi son temps ! »

En 1750, chacun de nous, à la place de madame Muirhead, eût peut-être tenu le même langage ; mais le monde a marché, mais nos connaissances se sont accrues ; aussi, lorsque bientôt j'expliquerai que la principale découverte de notre confrère a consisté dans un moyen particulier de transformer la vapeur en eau, les reproches de madame Muirhead s'offriront à notre esprit sous un tout autre jour ; et le petit James, devant la théière, sera le grand ingénieur préludant aux découvertes qui devaient l'immortaliser ; et chacun trouvera sans doute remarquable que les mots : *condensation de vapeur*, soient venus se placer naturellement dans l'histoire de la première enfance de Watt. Au reste, je me serais fait illusion sur la singularité de l'anecdote, qu'elle n'en mériterait pas moins d'être conservée. Quand l'occasion s'en présente, prouvons à la jeunesse que Newton ne fut pas seulement modeste le jour où, pour satisfaire la curiosité d'un grand personnage qui désirait savoir comment l'attraction avait été découverte, il répondit : *C'est en y pensant toujours !* Montrons à tous les yeux, dans ces simples paroles de l'immortel auteur des *Principes*, le véritable secret des hommes de génie.

L'esprit anecdotique que notre confrère répandit avec tant de grâce, pendant plus d'un demi-siècle, parmi tous ceux dont il était entouré, se développa de très bonne heure. On en trouvera la preuve dans ces quelques lignes que j'extrais, en les traduisant, d'une note inédite, rédigée en 1798 par madame Marion Campbell, cousine et compagne d'enfance du célèbre ingénieur[1].

« Dans un voyage à Glasgow, madame Watt confia son jeune fils James à une de ses amies. Peu de semaines après elle revint le voir, mais sans se douter assurément de la singulière réception qui l'attendait. Madame, lui dit cette amie dès qu'elle l'aperçut, il faut vous hâter de ramener James à Greenock. Je ne puis plus endurer l'état d'excitation dans leque il me met : je suis harassée par le manque de sommeil. Chaque nuit, quand l'heure ordinaire du coucher de ma famille approche, votre fils parvient adroitement à soulever une discussion dans laquelle il trouve toujours le moyen d'introduire quelque conte ; celui-ci, au besoin, en enfante un second, un troisième, etc. Ces contes, qu'ils soient pathétiques ou burlesques, ont tant de charme, tant d'intérêt, ma famille tout entière les écoute avec une si grande attention, qu'on entendrait une mouche voler. Les heures ainsi succèdent aux heures, sans que nous nous en apercevions ; mais le lendemain je tombe de fatigue. Madame, remmenez votre fils chez vous. »

James Watt avait un frère cadet, John[2], qui, en se décidant à embrasser la carrière de son père, lui laissa, d'après les coutumes écossaises, qui veulent que la profession paternelle soit adoptée par l'un des enfants, la liberté de suivre sa vocation ; mais cette vocation était difficile à découvrir, car le jeune étudiant s'occupait de tout avec un égal succès.

Les rives du Loch Lomond, déjà si célèbres par les souvenirs de l'historien Buchanan et de l'illustre inventeur des logarithmes, développaient son goût pour les beautés de la nature et de la botanique. Des courses sur diverses montagnes d'Écosse lui faisaient sentir que la croûte inerte du globe n'est pas moins digne d'attention, et il devenait minéralogiste. James profitait aussi de ses fréquents rapports avec les pauvres habitants de ces contrées pittoresques, pour déchiffrer leurs traditions locales, leurs ballades populaires, leurs sauvages préjugés. Quand la mauvaise santé le retenait sous le toit paternel, c'était principalement la chimie qui devenait l'objet de ses expériences. Les *Elements of natural philosophy* de s'Gravesande l'initiaient aussi aux mille et mille merveilles de la physique générale ; enfin, comme toutes les personnes malades, il dévorait les ouvrages de médecine et de chirurgie qu'il pouvait se procurer. Ces dernières siences avaient excité chez l'écolier une telle passion, qu'on le surprit un jour emportant dans sa chambre, pour la disséquer, la tête d'un enfant mort d'une maladie inconnue.

Watt, toutefois, ne se destina ni à la botanique, ni à la minéralogie, ni à l'érudition, ni à la poésie, ni à la chimie, ni à la physique, ni à la médecine, ni à la chirurgie, quoiqu'il fût si bien préparé pour chacun de ces genres d'études. En 1755, il alla à Londres se placer chez M. John Morgan, constructeur d'instruments de mathématiques et de marine, dans Finch-Lane, Cornhill. L'homme qui devait couvrir l'Angleterre de moteurs à côté desquels, du moins quant aux effets, l'antique et colossale machine de Marly ne serait qu'un pygmée, entra dans la carrière industrielle en construisant de ses mains, des instruments subtils, délicats, fragiles : ces petits mais admirables sextants à réflexion, auxquels l'art nautique est redevable de ses progrès.

Watt ne resta guère qu'un an chez M. Morgan, et retourna à Glasgow où d'assez graves difficultés l'attendaient. Appuyées sur leurs antiques priviléges, les corporations d'arts et métiers regardèrent le jeune artiste de Londres comme un intrus, et lui dénièrent obstinément le droit d'ouvrir le plus humble atelier. Tout moyen de conciliation ayant échoué, l'Université de Glasgow intervint, disposa en faveur du jeune Watt d'un petit local dans ses propres bâtiments, lui permit d'établir une boutique, et l'honora du titre de son ingénieur. Il existe encore de petits instruments de cette époque, d'un travail exquis, exécutés tout entiers de la main de Watt. J'ajouterai que son fils a mis récemment sous mes yeux les premières épures de la machine à vapeur, et qu'elles sont vraiment remarquables par la finesse, par la fermeté, par la précision du trait. Ce n'était donc pas sans raison, quoi qu'on en ait pu dire, que Watt parlait avec complaisance de son adresse manuelle.

Peut-être aurez-vous quelque raison de penser que je porte le scrupule bien loin en réclamant, pour notre confrère, un mérite qui ne peut guère ajouter à sa gloire. Mais, je l'avouerai, je n'entends jamais faire l'énumération pédantesque des qualités dont les hommes supérieurs ont été pourvus, sans me rappeler ce mauvais général du siècle de Louis XIV, qui portait toujours son épaule droite très-haute, parce que le prince Eugène de Savoie était un peu bossu, et qui crut que cela le dispensait d'essayer de pousser la ressemblance plus loin.

Watt atteignait à peine sa vingt et unième année, lorsque l'Université de Glasgow se l'attacha. Il avait eu pour protecteurs Adam Smith, l'auteur du fameux ouvrage sur la *Richesse des nations* ; Black, que ses découvertes touchant la chaleur latente et le carbonate de chaux devaient placer dans un rang distingué parmi les premiers chimistes du XVIIIe siècle ; Robert Simson, le célèbre restaurateur des plus importants traités des anciens géomètres. Ces personnages éminents croyaient d'abord n'avoir arraché aux tracasseries des corporations, qu'un ouvrier adroit, zélé, de mœurs douces ; mais ils ne tardèrent pas à reconnaître l'homme d'élite, et lui vouèrent la plus vive amitié. Les élèves de l'Université tenaient aussi à honneur d'être admis dans l'intimité de Watt. Enfin *sa boutique*, oui, Messieurs, une boutique ! devint une sorte d'académie où toutes les illustrations de Glasgow allaient discuter les questions les plus délicates d'art, de science, de littérature. Je n'oserais pas, en vérité, vous dire quel était, au milieu de ces réunions savantes, le rôle du jeune ouvrier de vingt et un ans, si je ne pouvais m'appuyer sur une pièce inédite du plus illustre des rédacteurs de l'*Encyclopédie britannique*.

« Quoique élève encore, j'avais, dit Robison, la vanité de me croire assez avancé dans mes études favorites de mécanique et de physique, lorsqu'on me présenta à Watt ; aussi, je l'avoue, je ne fus pas médiocrement mortifié en voyant à quel point le jeune ouvrier m'était supérieur… Dès que, dans l'Université, une difficulté nous arrêtait, et quelle qu'en fût la nature, nous courions chez notre artiste. Une fois provoqué, chaque sujet devenait pour lui un texte d'études sérieuses et de découvertes. Jamais il ne lâchait prise qu'après avoir entièrement éclairci la question proposée, soit qu'il la réduisit à rien, soit qu'il en tirât quelque résultat net et substantiel… Un jour, la solution désirée sembla nécessiter la lecture de l'ouvrage de Leupold sur les machines : Watt apprit aussitôt l'allemand. Dans une autre circonstance, et pour un motif semblable, il se rendit maître de la langue italienne… La simplicité naïve du jeune ingénieur lui conciliait sur-le-champ la bienveillance de tous ceux qui l'accostaient. Quoique j'aie assez vécu dans le monde, je suis obligé de déclarer qu'il me serait impossible de citer un second exemple d'un attachement aussi sincère et aussi général accordé à quelque personne d'une supériorité incontestée. Il est vrai que cette supériorité était voilée par la plus aimable candeur, et qu'elle s'alliait à la ferme volonté de reconnaître libéralement le mérite de chacun. Watt se complaisait même à doter l'esprit inventif de ses amis, de choses qui n'étaient souvent que ses propres idées présentées sous une autre forme. J'ai d'autant plus le droit, ajoute Robison, d'insister sur cette rare disposition d'esprit, que j'en ai personnellement éprouvé les effets. »

Vous aurez à décider, Messieurs, s'il n'était pas aussi honorable de prononcer ces dernières paroles, que de les avoir inspirées.

Les études si sérieuses, si variées dans lesquelles les circonstances de sa singulière position jetaient sans cesse le jeune artiste de Glasgow, ne nuisirent jamais aux travaux de l'atelier. Ceux-ci, il les exécutait de jour ; la nuit était consacrée aux recherches théoriques. Confiant dans les ressources de son imagination, Watt paraissait se complaire dans les entreprises difficiles, et auxquelles on devait le supposer le moins propre. Croira-t-on qu'il se chargea d'exécuter un orgue, lui totalement insensible au charme de la musique ; lui qui, même, n'était jamais parvenu à distinguer une note d'une autre : par exemple, l'*ut* du *fa ?* Cependant, ce travail fut mené à bon port. Il va sans dire que le nouvel instrument présentait des améliorations capitales dans sa partie mécanique, dans les régulateurs, dans la manière d'apprécier la force du vent ; mais on s'étonnera d'apprendre que ses qualités harmoniques n'étaient pas moins remarquables, et qu'elles charmèrent des musiciens de profession. Watt résolut une partie importante du problème ; il arriva au *tempérament* assigné par un homme de l'art à l'aide du phénomène des battements, alors assez mal apprécié, et dont il n'avait pu prendre connaissance que dans l'ouvrage profond, mais très-obscur, du docteur Robert Smith, de Cambridge.

1. ↥ Je suis redevable de ce curieux document à mon ami, M. James Watt, de Soho. Grâce a la vénération profonde qu'il a conservée pour la mémoire de son illustre père, grâce à l'inépuisable complaisance avec laquelle il a accueilli toutes mes demandes, j'ai pu éviter diverses inexactitudes qui se sont glissées dans les biographies les plus estimées, et dont moi-même, trompé par des renseignements verbaux acceptés trop légèrement, je n'avais pas su d'abord me garantir.
2. ↥ Il périt, en 1762, sur un des navires de son père, dans la traversée de Greenock en Amérique, à l'âge de vingt-trois ans.

Me voici arrivé à la période la plus brillante de la vie de Watt, et aussi, je le crains, à la partie la plus difficile de ma tâche. L'immense importance des inventions dont j'ai à vous entretenir, ne saurait être l'objet d'un doute ; mais je ne parviendrai peut-être pas à les faire convenablement apprécier sans me jeter dans de minutieuses comparaisons numériques. Afin que ces comparaisons, si elles deviennent indispensables, soient faciles à saisir, je vais présenter, le plus brièvement possible, les notions délicates de physique sur lesquelles nous aurons à les appuyer.

Par l'effet de simples changements de température, l'eau peut exister dans trois états parfaitement distincts : à l'état solide, à l'état liquide, à l'état aérien ou gazeux. Au-dessous de zéro de l'échelle du thermomètre centigrade, l'eau devient de la glace ; à 100° elle se transforme rapidement en gaz ; dans tous les degrés intermédiaires elle est liquide.

L'observation scrupuleuse des points de passage d'un de ces états à l'autre conduit à des découvertes du premier ordre, qui sont la clef des appréciations économiques des machines à vapeur.

L'eau n'est pas nécessairement plus chaude que toute espèce de glace ; l'eau peut se maintenir à zéro de température sans se geler ; la glace peut rester à zéro sans se fondre ; mais cette eau et cette glace, toutes les deux au même degré de température, toutes les deux à zéro, il semble bien difficile de croire qu'elles ne diffèrent que par leurs propriétés physiques ; qu'aucun élément étranger à l'eau proprement dite ne distingue l'eau solide de l'eau liquide. Une expérience fort simple va éclairer ce mystère.

Mêlez un kilogramme d'eau à zéro avec un kilogramme d'eau à 79° centigrades ; les deux kilogrammes du mélange seront à 39 degrés et demi, c'est-à-dire à la température moyenne des liquides composants. L'eau chaude se trouve ainsi avoir conservé 39 degrés et demi de son ancienne température ; elle a cédé les 39 et demi autres degrés à l'eau froide ; tout cela était naturel, tout cela pouvait être prévu.

Répétons maintenant l'expérience avec une seule modification ; au lieu du kilogramme d'eau à zéro, prenons un kilogramme de glace à la même température de zéro. Du mélange de ce kilogramme de glace avec le kilogramme d'eau à 79°, résulteront deux kilogrammes d'eau liquide, puisque la glace, baignée dans l'eau chaude, ne pourra manquer de se fondre et qu'elle conservera son ancien poids ; mais ne vous hâtez pas d'attribuer au mélange, comme tout à l'heure, une température de 39 degrés et demi ; car vous vous tromperiez ; cette température sera seulement de zéro ; il ne restera aucune trace des 79° de chaleur que le kilogramme d'eau possédait ; ces 79° auront désagrégé les molécules de glace ; ils se seront combinés avec elles, mais sans les échauffer en aucune manière.

Je n'hésite pas à présenter cette expérience de Black comme une des plus remarquables de la physique moderne.

Voyez, en effet, ses conséquences.

L'eau à zéro et la glace à zéro diffèrent dans leur composition intime. Le liquide renferme, de plus que le solide, 79° d'un corps impondéré qu'on appelle *la chaleur*. Ces 79° sont si bien cachés dans le composé, j'allais presque dire dans l'alliage aqueux, que le thermomètre le plus sensible n'en dévoile pas l'existence. De la chaleur non sensible à nos sens, non sensible aux instruments les plus délicats, de *la chaleur* LATENTE, enfin, car c'est le nom qu'on lui a donné, est donc un des principes constituants des corps.

La comparaison de l'eau bouillante, de l'eau à 100°, avec la vapeur qui s'en dégage et dont la température est aussi de 100°, conduit, mais sur une bien plus grande échelle, à des résultats analogues. Au moment de se constituer à l'état de vapeur à 100°, l'eau à la même température de 100° s'imprègne *sous forme latente*, sous forme non sensible au thermomètre, d'une quantité énorme de chaleur. Quand la vapeur reprend l'état liquide, cette chaleur de composition se dégage, et elle va échauffer tout ce qui sur son chemin est susceptible de l'absorber. Si on fait traverser, par exemple, 5.35 kilogrammes d'eau à zéro, par un seul kilogramme de vapeur à 100°, cette vapeur se liquéfie entièrement. Les 6.35 kilogrammes résultant du mélange sont à 100° de température. Dans la composition intime d'un kilogramme de vapeur il entre donc une quantité de chaleur latente qui pourrait porter un kilogramme d'eau, dont on empêcherait l'évaporation, de zéro à 535°

centigrades. Ce résultat paraîtra sans doute énorme, mais il est certain ; la vapeur d'eau n'existe qu'à cette condition. Partout où un kilogramme d'eau à 100° se vaporise naturellement ou artificiellement, il doit se saisir, pour éprouver la transformation, et il se saisit, en effet, sur les corps environnants, de 535° de chaleur. Ces degrés, on ne saurait assez le répéter, la vapeur les restitue intégralement aux surfaces de toute nature sur lesquelles sa liquéfaction ultérieure s'opère. Voilà, pour le dire en passant, tout l'artifice du chauffage à la vapeur. On comprend bien mal cet ingénieux procédé lorsqu'on s'imagine que le gaz aqueux ne va porter au loin, dans les tuyaux où il circule, que la chaleur sensible ou thermométrique : les principaux effets sont dus à la chaleur de composition, à la chaleur cachée, à la chaleur latente qui se dégage au moment où le contact de surfaces froides ramène la vapeur de l'état gazeux à l'état liquide.

Désormais, nous devrons donc ranger la chaleur parmi les principes constituants de la vapeur d'eau. La chaleur, on ne l'obtient qu'en brûlant du bois ou du charbon ; la vapeur a donc une valeur commerciale supérieure à celle du liquide, de tout le prix du combustible employé dans l'acte de la vaporisation. Si la différence de ces deux valeurs est fort grande, attribuez-le surtout à la chaleur latente ; la chaleur thermométrique, la chaleur sensible n'y entre que pour une faible part.

J'aurai peut-être besoin de m'étayer, plus tard, de quelques autres propriétés de la vapeur d'eau. Si je n'en fais point mention dès ce moment, ce n'est pas que j'attribue à cette assemblée la disposition d'esprit de certains écoliers qui disaient un jour à leur professeur de géométrie : « Pourquoi prenez-vous la peine de démontrer ces théorèmes ? Nous avons en vous la plus entière confiance ; donnez-nous votre *parole d'honneur* qu'ils sont vrais, et tout sera dit ! » Mais j'ai dû songer à ne pas abuser de votre patience ; j'ai dû me rappeler aussi qu'en recourant à des traités spéciaux, vous comblerez aisément les lacunes que je n'ai pas su éviter.

Essayons, maintenant, de faire la part des nations et des personnes qui semblent devoir être citées dans l'histoire de la machine à vapeur. Traçons la série chronologique d'améliorations que cette machine a reçues, depuis ses premiers germes, déjà fort anciens, jusqu'aux découvertes de Watt. J'aborde ce sujet avec la ferme volonté d'être impartial, avec le vif désir de rendre à chaque inventeur la justice qui lui est due, avec la certitude de rester étranger à toute considération indigne de la mission que vous m'avez donnée, indigne de la majesté de la science, qui prendrait sa source dans des préjugés nationaux. J'avoue, d'un autre côté, que je ferai peu de compte des nombreux arrêts déjà rendus sous la dictée de pareils préjugés ; que je me préoccuperai encore moins, s'il est possible, des critiques acerbes qui m'attendent sans doute, car le passé est le miroir de l'avenir.

Question bien posée est à moitié résolue. Si l'on s'était rappelé ce dicton plein de sens, les débats relatifs à l'invention de la machine à vapeur n'auraient certainement pas présenté le caractère d'acrimonie, de violence, dont ils ont été empreints jusqu'ici. Mais on s'était étourdiment jeté dans un défilé sans issue en voulant trouver un inventeur unique là où il y avait nécessité d'en distinguer plusieurs. L'horloger le plus instruit de l'histoire de son art resterait muet devant celui qui lui demanderait, en termes généraux, quel est l'inventeur des montres. La question, au contraire, l'embarrasserait peu si elle portait, séparément, sur le moteur, sur les diverses formes d'échappement, sur le balancier. Ainsi en est-il de la machine à vapeur : elle présente aujourd'hui la réalisation de plusieurs idées capitales, mais entièrement distinctes, qui peuvent ne pas être sorties d'une même source, et dont notre devoir est de chercher soigneusement l'origine et la date.

Si avoir fait un usage quelconque de la vapeur d'eau donnait, comme on l'a prétendu, des droits à figurer dans cette histoire, il faudrait citer les Arabes en première ligne, puisque, de temps immémorial, leur principal aliment, la semoule, qu'ils nomment *couscoussou*, se cuit, par l'action de la vapeur, dans des passoires placées au-dessus de marmites rustiques. Une semblable conséquence suffit pour faire ressortir tout le ridicule du principe dont elle découle.

Gerbert, notre compatriote, celui-là même qui porta la tiare sous le nom de Sylvestre II, acquiert-il des titres plus réels lorsque, vers le milieu du ixe siècle, il fait résonner les tuyaux de l'orgue de la cathédrale de Reims à l'aide de la vapeur d'eau ? Je ne le pense pas : dans l'instrument du futur pape, j'aperçois un courant de vapeur substitué au courant d'air ordinaire pour obtenir la production du phénomène musical des tuyaux d'orgue, mais nullement un effet mécanique proprement dit.

Le premier exemple de mouvement engendré par la vapeur, je le trouve dans un joujou, encore plus ancien que l'orgue de Gerbert ; dans un éolipyle de Héron d'Alexandrie, dont la date remonte à cent vingt ans avant notre ère. Peut-être sera-t-il difficile, sans le secours d'aucune figure, de donner une idée claire du mode d'action de ce petit appareil ; je vais toutefois le tenter.

Quand un gaz s'échappe, dans un certain sens, du vase qui le renferme, ce vase, par voie de réaction, tend à se mouvoir dans le sens diamétralement contraire. Le recul d'un fusil chargé à poudre n'est pas autre chose : les gaz qu'engendre l'inflammation du salpêtre, du charbon et du soufre, s'élancent dans l'air suivant la direction du canon ; la direction du canon, prolongée en arrière, aboutit à l'épaule de la personne qui a tiré ; c'est donc sur l'épaule que la crosse doit réagir avec force. Pour changer le sens du recul, il suffirait de faire sortir le jet du gaz dans une autre direction. Si le canon, bouché à son extrémité, était percé seulement d'une ouverture latérale perpendiculaire à sa direction et horizontale, c'est latéralement et horizontalement que le gaz de la poudre s'échapperait ; c'est perpendiculairement au canon que s'opérerait le recul ; c'est sur les bras et non sur l'épaule qu'il s'exercerait. Dans le premier cas, le recul poussait le tireur de l'avant à l'arrière, comme pour le renverser ; dans le second, il tendrait à le faire pirouetter sur lui-même. Qu'on attache donc le canon, invariablement et dans le sens horizontal, à un axe vertical et mobile, et au moment du tir il changera plus ou moins de direction, et il fera tourner cet axe.

En conservant la même disposition, supposons que l'axe vertical rotatif soit creux, mais fermé à la partie supérieure ; qu'il aboutisse, par le bas, comme une sorte de cheminée, à une chaudière où s'engendre de la vapeur ; qu'il existe, de plus, une libre communication latérale entre l'intérieur de cet axe et l'intérieur du canon de fusil, de manière qu'après avoir rempli l'axe la vapeur pénètre dans le canon et en sorte de côté par son ouverture horizontale. Sauf l'intensité, cette vapeur, en s'échappant, agira à la manière des gaz dégagés de la poudre dans le canon de fusil bouché à son extrémité et percé latéralement ; seulement, on n'aura pas ici une simple secousse, ainsi que cela arrivait dans le cas de l'explosion brusque et instantanée du fusil ; au contraire, le mouvement de rotation sera uniforme et continu, comme la cause qui l'engendre.

Au lieu d'un seul fusil, ou plutôt au lieu d'un seul tuyau horizontal, qu'on en adapte plusieurs au tube vertical rotatif, et nous aurons, à cela près de quelques différences peu essentielles, l'ingénieux appareil de Héron d'Alexandrie.

Voilà, sans contredit, une machine dans laquelle la vapeur d'eau engendre du mouvement, et peut produire des effets mécaniques de quelque importance, voilà une véritable machine à vapeur. Hâtons-nous d'ajouter qu'elle n'a aucun point de contact réel, ni par sa forme, ni par le mode d'action de la force motrice, avec les machines de cette espèce actuellement en usage. Si jamais la réaction d'un courant de vapeur devient utile dans la pratique, il faudra, incontestablement, en faire remonter l'idée jusqu'à Héron ; aujourd'hui l'éolipyle rotatif pourrait seulement être cité ici, comme la gravure en bois dans l'histoire de l'imprimerie[1]

1. ↑ Ces réflexions s'appliquent aussi au projet que Branca, architecte italien, publia à Rome, en 1629, dans un ouvrage intitulé : *le Machine*, et qui consistait à engendrer un mouvement de rotation en dirigeant la vapeur sortant d'un éolipyle, sous forme de souffle, sous forme de vent, sur les ailettes d'une roue. Si, contre toute probabilité, la vapeur est un jour employée utilement à l'état de souffle direct, Branca, ou l'auteur actuellement inconnu à qui il a pu emprunter cette idée, prendra le premier rang dans l'histoire de ce nouveau genre de machines. À l'égard des machines actuelles, les titres de Branca sont complétement nuls.

Dans les machines de nos usines, de nos paquebots, de nos chemins de fer, le mouvement est le résultat immédiat de l'élasticité de la vapeur. Il importe donc de chercher où et comment l'idée de cette force a pris naissance.

Les Grecs et les Romains n'ignoraient pas que la vapeur d'eau peut acquérir une puissance mécanique prodigieuse. Ils expliquaient déjà, à l'aide de la vaporisation subite d'une certaine masse de ce liquide, les effroyables tremblements de terre qui, en quelques secondes, lancent l'Océan hors de ses limites naturelles ; qui renversent jusque dans leurs fondements les monuments les plus solides de l'industrie humaine ; qui créent subitement, au milieu des mers profondes, des écueils redoutables ; qui font surgir aussi de hautes montagnes au centre même des continents.

Quoi qu'on en ait dit, cette théorie des tremblements de terre ne suppose pas que les auteurs s'étaient livrés à des appréciations, à des expériences, à des mesures exactes. Personne n'ignore aujourd'hui qu'au moment où le métal incandescent pénètre dans les moules en terre ou en plâtre des fondeurs, il suffit que ces moules renferment quelques gouttes de liquide pour qu'il en résulte de dangereuses explosions. Malgré les progrès des sciences, les fondeurs modernes n'évitent pas toujours ces accidents : comment donc les anciens s'en seraient-ils entièrement garantis ?

Pendant qu'ils coulaient des milliers de statues, splendides ornements des temples, des places publiques, des jardins, des habitations particulières d'Athènes et de Rome, il dut arriver des malheurs ; les hommes de l'art en trouvèrent la cause immédiate ; les philosophes, d'autre part, obéissant à l'esprit de généralisation qui était le trait caractéristique de leurs écoles, y virent des miniatures, de véritables images des éruptions de l'Etna.

Tout cela peut être vrai, sans avoir la moindre importance dans l'histoire qui nous occupe. Je n'ai même tant insisté, je l'avoue, sur ces légers linéaments de la science antique au sujet de la force de la vapeur d'eau, qu'afin de vivre en paix, s'il est possible, avec les Dacier des deux sexes, avec les Dutens de notre époque[1]

Les forces naturelles ou artificielles, avant de devenir vraiment utiles aux hommes, ont presque toujours été exploitées au profit de la superstition. La vapeur d'eau ne sera pas une exception à cette règle générale.

Les chroniques nous avaient appris que sur les bords du Weser, le dieu des anciens Teutons leur marquait quelquefois son mécontentement, par une sorte de coup de tonnerre auquel succédait, immédiatement après, un nuage qui remplissait l'enceinte sacrée. L'image du dieu Bustérich, trouvée, dit-on, dans les fouilles, montre clairement la manière dont s'opérait le prétendu prodige.

Le dieu était en métal. La tête creuse renfermait une amphore d'eau. Des tampons de bois fermaient la bouche et un autre trou situé au-dessus du front. Des charbons, adroitement placés dans la cavité du crâne, échauffaient graduellement le liquide. Bientôt la vapeur engendrée faisait sauter les tampons avec fracas : alors elle s'échappait violemment en deux jets, et formait un épais nuage entre le dieu et ses adorateurs stupéfaits. Il paraîtrait que dans le moyen âge des moines trouvèrent l'invention de bonne prise, et que la tête de Bustérich n'a pas seulement fonctionné devant les assemblées teutonnes[2]

Pour rencontrer, après les premiers aperçus des philosophes grecs, quelques notions utiles sur les propriétés de la vapeur d'eau, on se voit obligé de franchir un intervalle de près de vingt siècles. Il est vrai qu'alors des expériences précises, concluantes, irrésistibles, succèdent à des conjectures dénuées de preuves.

En 1605, Flurence Rivault, gentilhomme de la chambre d'Henri IV, et précepteur de Louis XIII, découvre, par exemple, qu'une bombe à parois épaisses et contenant de l'eau, fait tôt ou tard explosion quand on la place sur le feu *après l'avoir bouchée*, c'est-à-dire lorsqu'on empêche la vapeur d'eau de se répandre librement dans l'air à mesure qu'elle s'engendre. La puissance de la vapeur d'eau se trouve ici caractérisée par une épreuve nette et susceptible, jusqu'à un certain point, d'appréciations numériques[3] ; mais elle se présente encore à nous comme un terrible moyen de destruction.

Des esprits éminents ne s'arrêtèrent pas à cette réflexion chagrine. Ils conçurent que les forces mécaniques doivent devenir, ainsi que les passions humaines, utiles ou nuisibles, suivant qu'elles sont bien ou mal dirigées. Dans le cas particulier de la vapeur, il suffit, en effet, de l'artifice le plus simple, pour appliquer à un travail productif la force élastique redoutable qui, suivant toute apparence, ébranle la terre jusque dans ses fondements, qui entoure l'art du statuaire de dangers réels, qui brise en cent éclats les parois épaisses d'une bombe !

Dans quel état se trouve ce projectile avant son explosion ? Le bas renferme de l'eau très-chaude, *mais encore liquide* ; le reste de la capacité est rempli de vapeur. Celle-ci, car c'est le trait caractéristique des substances gazeuses, exerce également son action dans tous les sens : elle presse avec la même intensité, l'eau et les parois métalliques qui la contiennent. Plaçons un robinet à la partie inférieure de ces parois. Lorsqu'il sera ouvert, l'eau poussée par la vapeur en jaillira avec une vitesse extrême. Si le robinet aboutit à un tuyau qui après s'être recourbé en dehors autour de la bombe se dirige verticalement de bas en haut, l'eau refoulée y montera d'autant plus que la vapeur aura plus d'élasticité ; ou bien, car c'est la même chose en d'autres termes, l'eau s'élèvera d'autant plus que sa température sera plus forte. Ce mouvement ascensionnel ne trouvera de limites que dans la résistance des parois de l'appareil.

À notre bombe substituons une chaudière métallique épaisse, d'une vaste capacité, et rien ne nous empêchera de porter de grandes masses de liquide à des hauteurs indéfinies par la seule action de la vapeur d'eau, et nous aurons crée, dans toute l'acception de ce mot, une machine à vapeur pouvant servir aux épuisements.

Vous connaissez maintenant l'invention que la France et l'Angleterre se sont disputée, comme jadis sept villes de la Grèce s'attribuèrent, tour à tour, l'honneur d'avoir été le berceau d'Homère. Sur l'autre rive de la Manche on en gratifie unanimement le marquis de Worcester, de l'illustre maison de Somerset. De ce côté-ci du détroit, nous soutenons qu'elle appartient à un humble ingénieur presque totalement oublié des biographes : à Salomon de Caus, qui naquit à Dieppe ou dans ses environs. Jetons un coup d'œil impartial sur les titres des deux compétiteurs.

Worcester, gravement impliqué dans les intrigues des dernières années du règne des Stuarts, fut enfermé dans la Tour de Londres :

Que faire en *pareil* gîte, à moins que l'on ne songe ?

Or, un jour, suivant la tradition, le couvercle de la marmite où cuisait son dîner se souleva subitement. Worcester songea donc à ce que présentait d'étrange le phénomène dont il venait d'être témoin. Alors s'offrit à lui la pensée que la même force qui avait soulevé le couvercle pourrait devenir, en certaines circonstances, un moteur utile et commode. Après avoir recouvré la liberté, il exposa, en 1663, dans un livre intitulé *Century of inventions*, les moyens par lesquels il entendait réaliser son idée. Ces moyens, dans ce qu'ils renferment d'essentiel, sont, autant du moins qu'on peut les comprendre, la bombe à demi-remplie de liquide, et le tuyau ascensionnel vertical que nous décrivions tout à l'heure.

Cette bombe, ce même tuyau sont dessinés dans *la Raison des forces mouvantes*, ouvrage de Salomon de Cous. Là, l'idée est présentée nettement, simplement, sans aucune prétention. Son origine n'a rien de romanesque ; elle ne se rattache ni à des événements de guerre civile, ni à une prison d'État célèbre, ni même au soulèvement du couvercle de la marmite d'un détenu ; mais, ce qui vaut infiniment mieux dans une question de priorité, elle est, par sa publication, de quarante-huit ans plus ancienne que la *Century of inventions*, et de quarante et un ans antérieure à l'emprisonnement de Worcester.

Ainsi ramené à une comparaison de dates, le débat semblait devoir être à son terme. Comment soutenir, en effet, que 1615 n'avait pas précédé 1663 ? Mais ceux dont la principale pensée paraît avoir été d'écarter tout nom français de cet important chapitre de l'histoire des sciences, changèrent subitement de terrain dès qu'on eut fait sortir *la Raison des forces mouvantes* des bibliothèques poudreuses où elle restait ensevelie. Ils brisèrent, sans hésiter, leur ancienne idole ; le marquis de Worcester fut sacrifié au désir d'annuler les titres de Salomon de Caus ; la bombe placée sur un brasier ardent et son tuyau ascensionnel cessèrent enfin d'être les véritables germes des machines à vapeur actuelles !

Quant à moi, je ne saurais accorder que celui-là n'ait rien fait d'utile qui, réfléchissant sur l'énorme ressort de la vapeur d'eau fortement échauffée, vit le premier qu'elle pourrait servir à élever de grandes masses de ce liquide à toutes les hauteurs imaginables. Je ne puis admettre qu'il ne soit dû aucun souvenir à l'ingénieur qui, le premier aussi, décrivit une machine propre à réaliser de pareil effets. N'oublions pas qu'on ne peut juger sainement du mérite d'une invention qu'en se transportant, par la pensée, au temps où elle naquit ; qu'en écartant momentanément de son esprit toutes les connaissances que les siècles postérieurs à la date de cette invention y ont versées. Imaginons un ancien mécanicien, Archimède, par exemple, consulté sur les moyens d'élever à une grande hauteur l'eau contenue dans un vaste récipient métallique fermé. Il parlerait certainement de grands leviers, de poulies simples ou mouflées, de treuils, peut-être de son ingénieuse vis ; mais quelle ne serait pas sa surprise, si, pour résoudre le problème, quelqu'un se contentait d'un fagot et d'une allumette ! eh bien ! je le demande, oserait-on refuser le titre d'invention à un procédé dont l'immortel auteur des premiers et vrais principes de la statique et de l'hydrostatique eût été étonné ? L'appareil de Salomon de Caus, cette enveloppe métallique où l'on crée une force motrice presque indéfinie, à l'aide d'un fagot et d'une allumette, figurera toujours noblement dans l'histoire de la machine à vapeur[4]

Il est fort douteux que Salomon de Caus et Worcester aient jamais fait exécuter leur appareil. Cet honneur appartient à un Anglais, au capitaine Savery[5]. J'assimile la machine que cet ingénieur construisit, en 1698, à celle de ses deux devanciers, quoiqu'il y ait introduit quelques modifications essentielles : celle entre autres, de créer la vapeur dans un vase particulier. S'il importe peu, quant au principe, que la vapeur soit engendrée aux dépens de l'eau à élever et au sein même de la chaudière où elle doit agir, ou qu'elle naisse dans un vase séparé pour se rendre à volonté, à l'aide d'un tuyau de communication portant un robinet, au-dessus du liquide qu'il faut refouler, il n'en est certainement pas de même sous le point de vue de la pratique. Un autre changement encore plus capital, bien digne d'une mention spéciale et dû également à Savery, trouvera mieux sa place dans l'article que nous consacrerons tout à l'heure aux travaux de Papin et de Newcomen.

Savery avait intitulé son ouvrage *l'Ami des mineurs* (*Miner's friend*). Les mineurs se montrèrent peu sensibles à la politesse. À une seule exception près, aucun ne lui commanda des machines. Elles n'ont été employées que pour distribuer de l'eau dans les diverses parties des palais, des maisons de plaisance, des parcs et des jardins ; on n'y a eu recours que pour franchir des différences de niveau de 12 à 15 mètres. Il faut reconnaître, au reste que les dangers d'explosion auraient été redoutables, si on avait donné aux appareils l'immense puissance à laquelle leur inventeur prétendait atteindre.

Malgré ce que le succès pratique de Savery présente d'incomplet, le nom de cet ingénieur mérite d'occuper une place très-distinguée dans l'histoire de la machine à vapeur. Les personnes dont toute la vie a été consacrée à des travaux spéculatifs, ignorent combien il y a loin du projet en apparence le mieux étudié à sa réalisation. Ce n'est pas que je prétende, avec un célèbre savant allemand, que la nature s'écrie toujours *non ! non !* quand on veut soulever quelque coin du voile qui la recouvre ; mais en suivant la même métaphore, il est permis du moins d'affirmer que l'entreprise devient d'autant plus difficile, d'autant plus délicate, d'un succès d'autant plus douteux, qu'elle exige et le concours de plus d'artistes et l'emploi d'un plus grand nombre d'éléments matériels ; sous ces divers rapports, et en faisant la part des époques, personne s'est-il trouvé dans des conditions plus défavorables que Savery ?

1. ⊥ Par le même motif, je ne puis guère me dispenser de rapporter ici une anecdote qui, à travers ce qu'elle offre de romanesque et de contraire à ce que nous savons aujourd'hui sur le mode d'action de la vapeur d'eau, laisse voir la haute idée que les anciens se formaient de la puissance de cet agent mécanique. On raconte qu'Anthémius, l'architecte de Justinien, avait une habitation contiguë à celle de Zénon, et que pour faire pièce à cet orateur, son ennemi déclaré, il plaça dans le rez-de-chaussée de sa propre maison plusieurs chaudrons remplis d'eau ; que de l'ouverture pratiquée sur le couvercle de chacun de ces chaudrons, partait un tube flexible qui allait s'appliquer dans le mur mitoyen, sous les poutres qui soutenaient les plafonds de la maison de Zénon ; enfin, que ces plafonds dansaient comme s'il y avait eu de violents tremblements de terre, dès que le feu était allumé sous les chaudrons.

2. ⤒ Héron d'Alexandrie attribuait les sons, objets de tant de controverses, que la statue de Memnon faisait entendre quand les rayons du soleil levant l'avaient frappée, au passage, par certaines ouvertures, d'un courant de vapeur que la chaleur solaire était censée avoir produit aux dépens du liquide dont les prêtres égyptiens garnissaient, dit-on, l'intérieur du piédestal du colosse. Salomon de Caus, Kircher, etc., ont été jusqu'à vouloir découvrir les dispositions particulières à l'aide desquelles la fraude théocratique s'emparait ainsi des imaginations crédules ; mais tout porte à croire qu'ils n'ont pas deviné juste, si même, en ce genre, quelque chose est à deviner.

3. ⤒ Si quelque érudit trouvait que je n'ai pas remonté assez haut en m'arrêtant à Flurence Rivault ; s'il empruntait une citation à Alberti, qui écrivait en 1411 ; si d'après cet auteur il nous disait que dès le commencement du xve siècle, les chaufourniers craignaient extrêmement, pour eux et pour leurs fours, les explosions des pierres à chaux dans l'intérieur desquelles il y a fortuitement quelque cavité, je répondrais qu'Alberti ignorait lui-même la cause réelle de ces terribles explosions ; qu'il les attribuait à la transformation *en vapeur* de l'air renfermé dans la cavité, opérée par l'action de la flamme ; je remarquerais, enfin, qu'une pierre à chaux, accidentellement creuse, n'aurait donné aucun des moyens d'appréciations numériques dont l'expérience de Rivault paraît susceptible.

4. ⤒ On a imprimé que J.-B. Porta avait donné, en 1606, dans ses *Spiritali*, neuf ou dix ans avant la publication de l'ouvrage de Salomon de Caus, la description d'une machine destinée à élever de l'eau au moyen de la force élastique de la vapeur. J'ai montré ailleurs que le savant napolitain *ne parlait ni directement ni indirectement de machine*, dans le passage auquel on fait allusion ; que son but, son but unique était de déterminer expérimentalement les volumes relatifs de l'eau et de la vapeur ; que dans le petit appareil de physique employé à cet effet, la vapeur d'eau ne pouvait élever le liquide, d'après les propres paroles de l'auteur, que d'un petit nombre de centimètres (quelques pouces) ; que dans toute la description de l'expérience, il n'y a pas un seul mot impliquant l'idée que Porta connût la puissance de cet agent et la possibilité de l'appliquer à la production d'une machine efficace.

Pense-t-on que j'aurais dû citer Porta, ne fût-ce qu'à raison de ses recherches sur la transformation de l'eau en vapeur ? Mais je dirai alors que le phénomène avait été déjà étudié avec attention par le professeur Besson, d'Orléans, vers le milieu du xvie siècle, et qu'un des Traités de ce mécanicien, en 1569, renferme notamment un essai de détermination des volumes relatifs de l'eau et de la vapeur.

5. ↑ Bonnain dit, cependant, qu'après la mort de Kircher, on trouva dans son musée *le modèle* d'une machine que cet auteur enthousiaste avait décrite en 1656, et qui différait de celle de Salomon de Caus, par cette seule circonstance que la vapeur motrice était engendrée dans un vase totalement distinct de celui qui contenait l'eau à élever.

MACHINE À VAPEUR MODERNE.

J'ai parlé jusqu'ici de machines à vapeur, dont la ressemblance avec celles qui portent aujourd'hui ce nom pourrait être plus ou moins contestée. Maintenant il sera question de la *machine à vapeur moderne*, de celle qui fonctionne dans nos manufactures, sur nos bateaux, à l'entrée de presque tous les puits de mines. Nous la verrons naître, grandir, se développer, tantôt d'après les inspirations de quelques hommes d'élite, tantôt sous l'aiguillon de la nécessité, car la nécessité est mère du génie.

Le premier nom que nous rencontrerons dans cette nouvelle période est celui de Denis Papin. C'est à Papin que la France devra le rang honorable qu'elle peut réclamer dans l'histoire de la machine à vapeur. Toutefois l'orgueil bien légitime que ses succès nous inspireront ne sera pas sans mélange. Les titres de notre compatriote, nous ne les trouverons que dans des collections étrangères ; ses principaux ouvrages, il les publiera au delà du Rhin ; sa liberté sera menacée par la révocation de l'édit de Nantes ; c'est dans un douloureux exil qu'il jouira momentanément du bien dont les hommes d'étude sont le plus jaloux : la tranquillité d'esprit ! Hâtons-nous de jeter un voile sur ces déplorables résultats de nos discordes civiles ; oublions que le fanatisme s'attaqua aux opinions religieuses du physicien de Blois et rentrons dans la mécanique : à cet égard du moins l'orthodoxie de Papin n'a jamais été contestée.

Il y a dans toute machine deux choses à considérer : d'une part, le moteur ; de l'autre, le dispositif, plus ou moins compliqué de pièces fixes et mobiles, à l'aide duquel ce moteur transmet son action à la résistance. Au point où les connaissances mécaniques sont aujourd'hui parvenues, le succès d'une machine destinée à produire de très-grands effets dépend principalement de la nature du moteur, de la manière de l'appliquer, de ménager sa force. Aussi, est-ce à produire un moteur économique, susceptible de faire osciller sans cesse et avec une grande puissance le piston d'un large cylindre, que Papin a consacré sa vie. Emprunter ensuite aux oscillations du piston la force nécessaire pour faire tourner les meules d'un moulin à blé, les cylindres d'un laminoir, les roues à palettes d'un bateau à vapeur, les bobines d'une filature ; pour soulever le lourd marteau qui frappe à coups redoublés d'énormes loupes de fer incandescent, à leur sortie du four à réverbère ; pour trancher, avec les deux mâchoires de la cisaille, d'épaisses barres métalliques, comme on coupe un ruban avec des ciseaux bien affilés ; ce sont là, je le répète, autant de problèmes d'un ordre très-secondaire et qui n'embarrasseraient pas le plus médiocre ingénieur. Nous pourrons donc nous occuper exclusivement des moyens à l'aide desquels Papin a proposé d'engendrer son mouvement oscillatoire.

Concevons un large cylindre vertical, ouvert dans le haut, et reposant, par sa base, sur une table métallique percée d'un trou qu'un robinet pourra boucher et laisser libre à volonté.

Introduisons dans ce cylindre un piston, c'est-à-dire une plaque circulaire pleine et mobile qui le ferme exactement. L'atmosphère pèsera de tout son poids sur la face supérieure de cette espèce de diaphragme ; elle le poussera de haut en bas. La partie de l'atmosphère qui occupera le bas du cylindre tendra, par sa réaction, à produire le mouvement inverse. Cette seconde force sera égale à la première, si le robinet est ouvert, puisqu'un gaz presse également dans tous les sens. Le piston se trouvera ainsi sollicité par deux forces opposées qui se feront équilibre. Il descendra néanmoins, mais seulement en vertu de sa propre gravité. Un contre-poids, légèrement plus lourd que le piston, suffira pour le relever, au contraire, jusqu'au sommet du cylindre et pour l'y maintenir. Supposons le piston arrivé à cette position extrême. Cherchons des moyens de l'en faire descendre *avec beaucoup de force* et de l'y ramener ensuite.

Concevons qu'après avoir fermé le robinet inférieur, on parvienne à anéantir *subitement* tout l'air contenu dans le cylindre, à y faire en un mot le vide. Le vide une fois opéré, le piston ne recevant d'action que de l'atmosphère extérieure qui le presse par dessus, *descendra rapidement.* Ce mouvement achevé, on ouvrira le robinet. L'air reviendra aussitôt par dessous contre-balancer l'action de l'atmosphère supérieure. Comme au début, le contre-poids remontera le piston jusqu'au sommet du cylindre, et toutes les parties de l'appareil se retrouveront dans leur état initial. Une seconde évacuation, ou, si on l'aime mieux, un second anéantissement de l'air intérieur fera de nouveau descendre le piston, et ainsi de suite.

Le véritable moteur du système serait ici le poids de l'atmosphère. Hâtons-nous de détromper ceux qui croiraient trouver dans la facilité que nous avons de marcher et même de courir à travers l'air un indice de la faiblesse d'un pareil moteur. Avec un cylindre de deux mètres de diamètre, l'effort que ferait le piston de la pompe en descendant, le poids qu'il pourrait soulever de toute la hauteur du cylindre, à chacune de ses oscillations, seraient de 35,000 kilogrammes. Cette énorme puissance, fréquemment renouvelée, on l'obtiendra à l'aide d'un appareil très-simple, si nous découvrons un moyen prompt et économique d'engendrer et de détruire à volonté la pression atmosphérique dans un cylindre de métal.

Ce problème, Papin l'a résolu. Sa belle, sa grande solution consiste dans la substitution d'une atmosphère de vapeur d'eau à l'atmosphère ordinaire ; dans le remplacement de celle-ci par un gaz qui, à 100 degrés centigrades, a précisément la même force élastique, mais avec l'important avantage dont l'atmosphère ordinaire ne jouit pas, que la force du gaz aqueux s'affaiblit très-vite quand la température s'abaisse, qu'elle finit même par disparaître presque entièrement si le refroidissement est suffisant. Je caractériserais aussi bien et en peu de mots la découverte de Papin, si je disais qu'il a proposé de se servir de la vapeur d'eau pour faire le vide dans de grands espaces ; que ce moyen est, d'ailleurs, prompt et économique[1].

La machine dans laquelle notre illustre compatriote combina ainsi le premier la force élastique de la vapeur d'eau avec la propriété dont cette vapeur jouit de s'anéantir par voie de refroidissement, il ne l'exécuta jamais en grand. Ses expériences furent toujours faites sur de simples modèles. L'eau destinée à engendrer la vapeur n'occupait pas même une chaudière séparée : renfermée dans le cylindre, elle reposait sur la plaque métallique qui le bouchait par le bas. C'était cette plaque que Papin échauffait directement pour transformer l'eau en vapeur ; c'était de la même plaque qu'il éloignait le feu quand il voulait opérer la condensation. Un pareil procédé, à peine tolérable dans une expérience destinée à vérifier l'exactitude d'un principe, ne serait évidemment pas admissible s'il fallait faire marcher le piston avec quelque vitesse. Papin, tout en disant qu'on peut arriver au but « par différentes constructions faciles à imaginer, » n'indique aucune de ces différentes constructions. Il laisse à ses successeurs, et le mérite de l'application de son idée féconde, et celui des inventions de détail qui, seules, peuvent assurer le succès d'une machine.

Dans nos premières recherches touchant l'emploi de la vapeur d'eau, nous avons eu à citer : d'anciens philosophes de la Grèce et de Rome ; un des mécaniciens les plus célèbres de l'école d'Alexandrie ; un pape ; un gentilhomme de la cour d'Henri IV ; un hydraulicien né en Normandie, dans la province féconde en grands hommes, qui a doté la pléiade nationale de Malherbe, de Corneille, du Poussin, de Fontenelle, de Laplace, de Fresnel ; un membre de la Chambre des lords ; un ingénieur anglais ; enfin, un médecin français, de la Société royale de Londres, car, il faut bien l'avouer, Papin, presque toujours exilé, ne fut que correspondant de notre Académie. Maintenant, de simples artisans, de simples ouvriers vont entrer en lice. Toutes les classes de la société se trouveront ainsi avoir concouru à la création d'une machine dont le monde entier devait profiter.

En 1705, quinze années après la publication du premier mémoire de Papin dans les Actes de Leipzig, Newcomen et Cawley, l'un quincaillier, l'autre vitrier à Dartmouth, en Devonshire, construisirent (veuillez bien remarquer que je ne dis pas projetèrent, car la différence est grande), construisirent une machine destinée à opérer des épuisements et dans laquelle il y avait une chaudière à part où naissait la vapeur. Cette machine, ainsi que le petit modèle de Papin, offre un cylindre métallique vertical, fermé par le bas, ouvert par le haut, et un piston, bien ajusté, destiné à le parcourir sur toute sa longueur en montant et en descendant. Dans l'un comme dans l'autre appareil, lorsque la vapeur d'eau peut arriver librement dans le bas du cylindre, le remplir et contre-balancer ainsi la pression de l'atmosphère extérieure, le mouvement ascensionnel du piston s'opère par l'effet d'un contre-poids. Dans la machine anglaise, enfin, l'imitation de celle de Papin, dès que le piston est arrivé au terme de son excursion ascendante, on refroidit la vapeur qui avait contribué à l'y pousser ; on fait ainsi le vide dans toute la capacité qu'il vient de parcourir, et l'atmosphère extérieure le force aussitôt à descendre.

Pour opérer le refroidissement convenable, Papin, on le sait déjà, se contentait d'ôter le brasier qui échauffait la base de son petit cylindre métallique. Newcomen et Cawley employèrent un procédé beaucoup préférable sous tous les rapports : ils firent couler une abondante quantité d'eau froide dans l'espace annulaire compris entre les parois extérieures du cylindre de leur machine, et les parois intérieures d'un second cylindre, un peu plus grand, qui servait d'enveloppe au premier. Le froid se communiquait peu à peu à toute l'épaisseur du métal, et atteignait enfin la vapeur d'eau elle-même[2].

La machine de Papin, perfectionnée ainsi quant à la manière de refroidir la vapeur ou de la condenser, excita au plus haut point l'attention des propriétaires de mines. Elle se répandit rapidement dans certains comtés de l'Angleterre et y rendit d'assez grands services. Le peu de rapidité de ses mouvements, conséquence nécessaire de la lenteur avec laquelle la vapeur se refroidissait et perdait son élasticité, était cependant un vif sujet de regrets. Le hasard indiqua, heureusement, un moyen très-simple de parer à cet inconvénient.

Au commencement du XVIIIe siècle, l'art d'aléser de grands cylindres métalliques et de les fermer hermétiquement à l'aide de pistons mobiles, était encore dans son enfance. Aussi, dans les premières machines de Newcomen recouvrait-on le piston d'une couche d'eau destinée à remplir les vides compris entre le contour circulaire de cette pièce mobile et la surface du cylindre. À la très-grande surprise des constructeurs, une de leurs machines se mit un jour à osciller beaucoup plus vite que de coutume. Après maintes vérifications, il demeura constant que, ce jour-là, le piston était percé ; que de l'eau froide tombait dans le cylindre par petites gouttelettes, et qu'en traversant la vapeur elles l'anéantissaient rapidement. De cette observation fortuite date la suppression complète du refroidissement extérieur, et l'adoption de la pomme d'arrosoir destinée à porter *une pluie d'eau froide* dans toute la capacité du cylindre au moment marqué pour la descente du piston. Les va-et-vient acquirent ainsi toute la vitesse désirable.

Voyons si le hasard n'a pas eu, de même, quelque part à une autre amélioration également importante.

La première machine de Newcomen exigeait l'attention la plus soutenue de la part de la personne qui fermait ou ouvrait sans cesse certains robinets, soit pour introduire la vapeur aqueuse dans le cylindre, soit pour y jeter la pluie froide destinée à la condenser. Il arrive, dans un certain moment, que cette personne est le jeune Henri Potter. Les camarades de cet enfant, alors en récréation, font entendre des cris de joie qui le mettent au supplice. Il brûle d'aller les rejoindre ; mais le travail qu'on lui a confié ne permettrait même pas une demi-minute d'absence. Sa tête s'exalte ; la passion lui donne du génie : il découvre des relations dont jusque-là il ne s'était pas douté. Des deux robinets, l'un doit être ouvert au moment où le balancier que Newcomen introduisit le premier et si utilement dans ses machines, a terminé l'oscillation descendante, et il faut le fermer, tout juste, à la fin de l'oscillation opposée. La manœuvre du second est précisément le contraire. Les positions du balancier, et celles des robinets sont dans une dépendance nécessaire. Potter s'empare de cette remarque ; il reconnaît que le balancier peut servir à imprimer aux autres pièces tous les mouvements que le jeu de la machine exige, et réalise à l'instant sa conception. Les extrémités de plusieurs cordons vont s'attacher aux manivelles des robinets ; les extrémités opposées, Potter les lie à des points convenablement choisis sur le balancier ; les tractions que celui-ci engendre sur certains cordons, en montant ; les tractions qu'il produit sur les autres en descendant, remplacent les efforts de la main ; pour la première fois la machine à vapeur marche d'elle-même ; pour la première fois on ne voit auprès d'elle d'autre ouvrier que le chauffeur qui, de temps en temps, va raviver et entretenir le feu sous la chaudière.

Aux ficelles du jeune Potter, les constructeurs substituèrent bientôt des tringles rigides verticales, fixées au balancier et armées de plusieurs chevilles qui allaient presser, de haut en bas ou de bas en haut, les têtes des différents robinets ou soupapes. Les tringles elles-mêmes ont été remplacées par d'autres combinaisons ; mais, quelque humiliant que soit un pareil aveu, toutes ces inventions sont de simples modifications du mécanisme que suggéra à un enfant le besoin d'aller jouer avec ses petits camarades.

1. ↥ Un ingénieur anglais, trompé sans doute par quelque traduction infidèle, prétendit, naguère, que l'idée d'employer la vapeur d'eau dans une même machine, comme force élastique et comme moyen rapide d'engendrer le vide, appartenait à Héron. De mon côté j'ai prouvé, sans réplique, que le mécanicien d'Alexandrie n'avait nullement songé à la vapeur ; que dans son appareil le mouvement alternatif devait uniquement résulter de la dilatation et de la condensation de l'air, provenant de l'action intermittente des rayons solaires.
2. ↥ Savery avait déjà eu recours à un courant d'eau froide qu'il jetait sur *les parois extérieures* d'un vase métallique, pour condenser la vapeur que ce vase renfermait. Telle fut l'origine de son association avec Newcomen et Cawley ; mais, il ne faut pas l'oublier, la patente de Savery, ses machines et l'ouvrage où il les décrit, sont postérieurs de plusieurs années aux mémoires de Papin

Il existe dans les cabinets de physique un bon nombre de machines sur lesquelles l'industrie avait fondé de grandes espérances ; la cherté de leur manœuvre ou de leur entretien les a réduites à de simples instruments de démonstration. Tel eût été aussi le sort final de la machine de Newcomen, du moins dans les localités peu riches en combustible, si les travaux de Watt, dont il me reste à vous présenter l'analyse, n'étaient venus lui donner une perfection inespérée. Cette perfection, il ne faudrait pas la considérer comme le résultat de quelque observation fortuite ou d'une seule inspiration ingénieuse ; l'auteur y est arrivé par un travail assidu, par des expériences d'une finesse, d'une délicatesse extrêmes. On dirait que Watt avait pris pour guide cette célèbre maxime de Bacon : « Écrire, parler, méditer, agir quand on n'est pas bien pourvu de *faits* qui jalonnent la pensée, c'est naviguer sans pilote le long d'une côte hérissée de dangers ; c'est s'élancer dans l'immensité de l'Océan sans boussole et sans gouvernail. »

Il y avait dans la collection de l'Université de Glasgow, un petit modèle de la machine à vapeur de Newcomen, qui jamais n'avait pu fonctionner convenablement. Le professeur de physique Anderson chargea Watt de le réparer. Sous la main puissante de l'artiste, les vices de construction disparurent ; des lors, chaque année, l'appareil manœuvra dans les amphithéâtres, aux yeux des étudiants émerveillés, Un homme ordinaire se fût contenté de ce succès. Watt, au contraire, suivant sa coutume, y vit l'occasion des plus sérieuses études. Ses recherches portèrent successivement sur tous les points qui semblaient pouvoir éclairer la théorie de la machine. Il détermina la quantité dont l'eau se dilate quand elle passe de l'état liquide à celui de vapeur ; la quantité d'eau qu'un poids donné de charbon peut vaporiser ; la quantité de vapeur en poids, que dépense, à chaque oscillation, une machine de Newcomen de dimensions connues ; la quantité d'eau froide qu'il faut injecter duns le cylindre pour donner à l'oscillation descendante du piston une certaine force ; enfin, l'élasticité de la vapeur à différentes températures.

Il y avait là de quoi remplir la vie d'un physicien laborieux ; Watt, cependant, trouva le moyen de mener à bon port de si nombreuses, de si difficiles recherches, sans que les travaux de l'atelier en souffrissent. Le docteur Cleland voulut bien naguère me conduire à la maison, voisine du port de Glasgow, où notre confrère se retirait en quittant les outils et devenait expérimentateur. Elle était rasée ! Notre dépit fut vif mais de courte durée. Dans l'enceinte encore visible des fondations, dix à douze ouvriers vigoureux semblaient occupés à sanctifier le berceau des machines à vapeur modernes : ils frappaient à coups redoublés les diverses pièces de bouilleurs, dont les dimensions réunies égalaient, certainement, celles de l'humble demeure qui venait de disparaître. Sur cette place et dans une pareille circonstance, le plus élégant hôtel, le plus somptueux monument, la plus belle statue, eussent réveillé moins d'idées que les colossales chaudières !

Si les propriétés de la vapeur d'eau sont encore présentes à votre esprit, vous apercevrez d'un coup d'œil que le jeu économique de la machine de Newcomen semble exiger deux conditions inconciliables. Quand le piston descend, il faut que le cylindre soit froid, sans cela il y rencontre une vapeur, encore fort élastique, qui retarde beaucoup sa marche et diminue l'effet de l'atmosphère extérieure. Lorsque ensuite, de la vapeur à 100° afflue dans ce même cylindre, si les parois sont froides, cette vapeur les réchauffe en se liquéfiant partiellement, et jusqu'au moment où leur température est aussi à 100°, son élasticité se trouve notablement atténuée ; de là, lenteur dans les mouvements, car le contre-poids n'enlève pas le piston avant qu'il existe dans le cylindre un ressort capable de contre-balancer l'action de l'atmosphère ; de là, aussi, augmentation de dépense, puisque la vapeur est d'un prix très-élevé, comme je l'ai déjà expliqué. On ne conservera aucun doute sur l'immense importance de cette considération économique, quand j'aurai dit que le modèle de Glasgow usait, à chaque oscillation, un volume de vapeur plusieurs fois plus grand que celui du cylindre. La dépense de vapeur, ou, ce qui revient au même, la dépense de combustible, ou, si l'on aime mieux encore, la dépense pécuniaire indispensable pour entretenir le mouvement de la machine, serait plusieurs fois moindre si l'on parvenait à faire disparaître les échauffements et les refroidissements successifs dont je viens de signaler les inconvénients.

Ce problème, en apparence insoluble, Watt l'a résolu par la méthode la plus simple. Il lui a suffi d'ajouter à l'ancien dispositif de la machine un vase totalement distinct du cylindre, et ne communiquant avec lui qu'à l'aide d'un tube étroit armé d'un robinet. Ce vase, qui porte aujourd'hui le nom de *condenseur,* est la principale des inventions de Watt. Malgré tout mon désir d'abréger, je ne puis me dispenser d'expliquer son mode d'action.

S'il existe une communication libre entre un cylindre rempli de vapeur et un vase vide de vapeur et d'air, la vapeur du cylindre passera en partie et très-rapidement dans le vase : l'écoulement ne cessera qu'au moment où l'élasticité sera la même partout. Supposons qu'à l'aide d'une injection d'eau, abondante et continuelle, le vase soit maintenu constamment froid dans toute sa capacité et dans ses parois ; alors la vapeur s'y condensera dès qu'elle y arrivera : toute la vapeur dont le cylindre était primitivement rempli, viendra s'y anéantir successivement ; ce cylindre se trouvera ainsi purgé de vapeur, sans que ses parois aient été le moins du monde refroidies ; la vapeur nouvelle dont il pourra devenir nécessaire de le remplir, n'y perdra rien de son ressort.

Le *condenseur* appelle entièrement à lui la vapeur du cylindre, d'une part, parce qu'il contient de l'eau froide ; de l'autre, parce que le reste de sa capacité ne renferme pas de fluides élastiques ; mais, dès qu'une première condensation de vapeur s'y est opérée, ces deux conditions de réussite ont disparu : l'eau condensante s'est échauffée en absorbant le calorique latent de la vapeur ; une quantité notable de vapeur s'est formée aux dépens de cette eau chaude ; l'eau froide contenait d'ailleurs de l'air atmosphérique qui a dû se dégager pendant son échauffement. Si après chaque opération on n'enlevait pas cette eau chaude, cette vapeur, cet air que le condenseur renferme, il finirait par ne plus produire d'effet. Watt opère cette triple évacuation à l'aide d'une pompe ordinaire qu'on appelle la pompe à air, et dont le piston porte une tige convenablement attachée au balancier que la machine met en jeu. La force destinée à maintenir la pompe à air en mouvement, diminue d'autant la puissance de la machine ; mais elle n'est qu'une petite partie de la perte qu'occasionnait, dans l'ancienne méthode, la condensation de la vapeur sur les parois refroidies du corps de pompe.

Un mot encore, et les avantages d'une autre invention de Watt deviendront évidents pour tout le monde.

Quand le piston descend dans la machine de Newcomen, c'est que l'atmosphère le pousse. Cette atmosphère est froide ; elle doit donc refroidir les parois du cylindre métallique, ouvert par le haut, qu'elle va successivement couvrir sur toute leur étendue. Ce refroidissement n'est racheté, pendant la course ascensionnelle du piston, qu'au prix d'une certaine quantité de vapeur. Il n'existe aucune perte de ce genre dans les *machines modifiées* de Watt.

L'action atmosphérique en est totalement éliminée, et voici comment :

Le haut du cylindre est fermé par un couvercle métallique, percé seulement à son centre d'une ouverture garnie d'étoupe grasse et bien serrée, à travers laquelle la tige du piston se meut librement, sans pourtant donner passage à l'air ou à la vapeur. Le piston partage ainsi le cylindre en deux capacités bien distinctes et fermées. Quand il doit descendre, la vapeur de la chaudière arrive librement à la capacité supérieure par un tube convenablement disposé, et le pousse de haut en bas comme le faisait l'atmosphère dans la machine de Newcomen. Ce mouvement n'éprouve pas d'obstacle, attendu que, pendant qu'il s'opère, le bas du cylindre tout seul est en communication avec le condenseur où toute la vapeur inférieure va se liquéfier. Dès que le piston est entièrement descendu, il suffit de la simple rotation d'un robinet, pour que les deux parties du cylindre situées au-dessus et au-dessous du piston, communiquent entre elles, pour que ces deux parties se remplissent de vapeur au même degré d'élasticité, pour que le piston soit tout autant poussé de haut en bas que de bas en haut, pour qu'il remonte à l'extrémité du cylindre, comme dans la machine atmosphérique de Newcomen, par la seule action d'un léger contre-poids.

En poursuivant ses recherches sur les moyens d'économiser la vapeur, Watt réduisit encore presque à rien la perte qui résultait du refroidissement par la paroi extérieure du cylindre où joue le piston. À cet effet, il enferma ce cylindre métallique dans un cylindre de bois d'un plus grand diamètre, et remplit de vapeur l'intervalle annulaire qui les séparait.

Voilà la machine à vapeur complétée. Les perfectionnements qu'elle vient de recevoir des mains de Watt sont évidents ; leur immense utilité ne saurait soulever un doute. Vous vous attendez donc à la voir remplacer, sans retard, comme appareil d'épuisement, les machines comparativement ruineuses de Newcomen. Détrompez-vous : l'auteur d'une découverte a toujours à combattre ceux dont elle peut blesser les intérêts, les partisans obstinés de tout ce qui a vieilli, enfin les envieux. Les trois classes réunies, faut-il l'avouer ? forment la grande majorité du public. Encore, dans mon calcul, je défalque les doubles emplois pour éviter un résultat paradoxal. Cette masse compacte d'opposants, le temps peut seul la désunir et la dissiper ; mais le temps ne suffit pas, il faut l'attaquer vivement, l'attaquer sans relâche ; il faut varier ses moyens d'action, imitant, en cela, le chimiste à qui l'expérience enseigne que l'entière dissolution de certains alliages exige l'emploi successif de plusieurs acides. La force de caractère, la persistance de volonté qui déjouent à la longue les intrigues les mieux ourdies, peuvent ne pas se trouver réunies au génie créateur. Watt, au besoin, en serait une preuve convaincante. Son invention capitale, son heureuse idée sur la possibilité de condenser la vapeur d'eau dans un vase entièrement séparé du cylindre où l'action mécanique s'exerce, est de 1765. Deux années s'écoulent, et à peine fait-il quelques démarches pour essayer de l'appliquer en grand. Ses amis, enfin, le mettent en rapport avec le docteur Roëbuck, fondateur de la vaste usine de Carron, encore célèbre aujourd'hui. L'ingénieur et l'homme à projets s'associent ; Watt lui cède les deux tiers de sa patente. Une machine est exécutée d'après les nouveaux principes ; elle confirme toutes les prévisions de la théorie : son succès est complet. Mais, sur ces entrefaites, la fortune du docteur Roëbuck reçoit divers échecs. L'invention de Watt les eût réparés, sans aucun doute : il suffisait de chercher quelques bailleurs de fonds ; notre confrère trouva plus simple de renoncer à sa découverte et de changer de carrière. En 1767, pendant que Smeaton exécutait entre les deux rivières de la Forth et de la Clyde, les triangulations et les nivellements, avant-coureurs des gigantesques travaux dont cette partie de l'Écosse devait devenir le théâtre, nous trouvons Watt faisant des opérations analogues, le long d'une ligne rivale traversant le passage du Lomond. Plus tard, il trace les plans d'un canal destiné à porter à Glasgow les produits des houillères de Monkland, et en dirige l'exécution. Plusieurs projets du même genre, celui, entre autres, du canal navigable à travers l'isthme de Crinan, que M. Rennie a depuis achevé ; des études approfondies relatives à certaines améliorations des ports d'Ayr, de Glasgow, de Greeock ; la construction des ponts d'Hamilton et de Rutherglen ; des explorations du terrain à travers lequel devait passer le célèbre canal Calédonien, occupèrent notre confrère jusqu'à la fin de 1773. Sans atténuer en rien le mérite de ces travaux, il me sera permis de ne pas étendre leur importance au delà de simples intérêts de localité ; d'affirmer qu'il n'était nullement nécessaire, pour les concevoir, les diriger, les exécuter, de s'appeler James Watt.

Si, oubliant les devoirs d'organe de l'Académie, je songeais à vous faire sourire plutôt qu'à dire d'utiles vérités, je trouverais ici matière à un frappant contraste. Je pourrais citer tel ou tel auteur qui, dans nos séances hebdomadaires, demande à cor et à cri à communiquer la petite remarque, la petite réflexion, la petite note conçue et rédigée la veille ; je vous le représenterais maudissant sa destinée, lorsque les prescriptions du règlement, lorsque l'ordre d'inscription de quelque auteur plus matinal, fait renvoyer sa lecture à huitaine, en lui laissant toutefois pour garantie, pendant cette cruelle semaine, le dépôt dans nos archives du *paquet cacheté*. De l'autre côté, nous verrions le créateur d'une machine destinée à faire époque dans les annales du monde, subir sans murmurer les stupides dédains des capitalistes, et plier, pendant huit années, son génie supérieur à des levés de plans, à des nivellements minutieux, à de fastidieux calculs de déblais, de remblais, à des toisés de maçonnerie. Bornons-nous à remarquer tout ce que la philosophie de Watt supposait de sérénité de caractère, de modération de désirs, de véritable modestie. Tant d'indifférence, quelque nobles qu'en aient été les causes, avait son côté blâmable. Ce n'est pas sans motif que la société poursuit d'une réprobation sévère, ceux de ses membres qui dérobent à la circulation l'or entassé dans leurs coffres-forts ; serait-on moins coupable en privant sa patrie, ses concitoyens, son siècle, des trésors mille fois plus précieux qu'enfante la pensée ; en gardant pour soi seul des créations immortelles, source des plus nobles, des plus pures jouissances de l'esprit ; en ne dotant pas les travailleurs de combinaisons mécaniques qui multiplieraient à l'infini les produits de l'industrie ; qui affaibliraient, au profit de la civilisation, de l'humanité, l'effet de l'inégalité des conditions ; qui permettraient un jour de parcourir les plus rudes ateliers, sans y trouver nulle part le déchirant spectacle de pères de famille, de malheureux enfants des deux sexes assimilés à des brutes, et marchant à pas précipités vers la tombe ?

Dans les premiers mois de 1774, après avoir vaincu l'indifférence de Watt, on le mit en relation avec M. Boulton, de Soho, près de Birmingham, homme d'entreprise, d'activité, de talents variés[1]. Les deux amis demandèrent au parlement une prolongation de privilége, car la patente de Watt datait de 1769, et n'avait plus que quelques années à courir. Le bill donna lieu à la plus vive discussion. « Cette affaire, écrivait le célèbre mécanicien à son vieux père, n'a pu marcher qu'avec beaucoup de dépenses et d'anxiété. Sans l'aide de quelques amis au cœur chaud, nous n'aurions pas réussi, car plusieurs des plus puissants personnages de la chambre des « communes nous étaient opposés. » Il m'a semblé curieux de rechercher à quelle classe de la société appartenaient ces personnages parlementaires dont parle Watt, et qui refusaient à l'homme de génie une faible partie des richesses qu'il allait créer. Jugez de ma surprise lorsque j'ai trouvé à leur tête le célèbre Burke ! Serait-il donc vrai qu'on peut s'être livré à de profondes études, être un homme de savoir et de probité, posséder à un degré éminent les qualités oratoires qui émeuvent, qui entraînent les assemblées politiques, et manquer quelquefois du plus simple bon sens ? Au surplus, depuis les sages et importantes modifications que lord Brougham fait introduire dans les lois relatives aux brevets, les inventeurs n'auront plus à subir la longue série de dégoûts dont Watt fut abreuvé.

Aussitôt que le parlement eut accordé une nouvelle durée de vingt-cinq ans à la patente de Watt, cet ingénieur et Boulton réunis commencèrent à Soho les établissements qui ont été pour toute l'Angleterre l'école la plus utile de mécanique pratique. On y dirigea bientôt la construction de pompes d'épuisement de très-grandes dimensions, et des expériences répétées montrèrent qu'à égalité d'effet, elles économisaient les trois quarts du combustible que consumaient précédemment celles de Newcomen. Dès ce moment, les nouvelles pompes se répandirent dans tous les pays de mines, et surtout dans le Cornouailles. Boulton et Watt recevaient, pour redevance, la valeur du tiers de la quantité de charbon dont chacune de leurs machines procurait l'économie. On jugera de l'importance commerciale de l'invention, par un fait authentique : dans la seule mine de Chace-Water, où trois pompes étaient en action, les propriétaires trouvèrent de l'avantage à racheter les droits des inventeurs pour une somme annuelle de 60,000 francs. Ainsi, dans un seul établissement, la substitution du *condenseur* à l'injection intérieure avait procuré, en combustible, une économie de plus de 180,000 francs par an.

Les hommes se résignent volontiers à payer le loyer d'une maison, le prix d'un fermage. Cette bonne volonté les abandonne quand il s'agit d'une idée, quelque avantage, quelque profit qu'elle ait procuré. Des idées ! mais ne les conçoit-on pas sans fatigue et sans peine ? Qui prouve d'ailleurs qu'avec le temps elles ne seraient pas venues à tout le monde ? En ce genre, des jours, des mois, des années d'antériorité, ne sauraient donner droit à un privilége !

Ces opinions, dont je n'ai sans doute pas besoin de faire ici la critique, la routine leur avait presque donné l'autorité de la chose jugée. Les hommes de génie, les *fabricants d'idées* semblaient devoir rester étrangers aux jouissances matérielles ; il était naturel que leur histoire continuât à ressembler à une légende de martyrs !

Quoi qu'on vienne à penser de ces réflexions, il est certain que les mineurs de Cornouailles payaient d'année en année avec plus de répugnance la rente qu'ils devaient aux ingénieurs de Soho. Ils profitèrent des premières difficultés soulevées par des plagiaires, pour se prétendre déliés de tout engagement. La discussion était grave ; elle pouvait compromettre la position sociale de notre confrère : il lui donna donc toute son attention et devint légiste. Les incidents des longs et dispendieux procès que Boulton et

Watt eurent à soutenir, et qu'en définitive ils gagnèrent, ne mériteraient guère aujourd'hui d'être exhumés ; mais puisque tout à l'heure j'ai cité Burke parmi les adversaires du grand mécanicien, il semble juste de rappeler que, par compensation, les Roy, les Mylne, les Herschel, les Deluc, les Ramsden, les Robison, les Murdock, les Rennie, les Cumming, les More, les Southern allèrent avec empressement soutenir devant les magistrats les droits du génie persécuté. Peut-être aussi sera-t-il bon d'ajouter comme un trait curieux dans l'histoire de l'esprit humain, que les avocats (j'aurai la prudence de faire remarquer qu'il ne s'agit ici que d'avocats d'un pays voisin), que les avocats, à qui la malignité impute un luxe surabondant de paroles, reprochaient à Watt, contre lequel ils s'étaient ligués en grand nombre, de n'avoir inventé que des idées. Ceci, pour le dire en passant, leur attira, devant le tribunal, cette apostrophe de M. Rous « Allez, Messieurs, allez vous frotter à ces combinaisons intangibles, ainsi qu'il vous plaît d'appeler les machines de Watt, à ces prétendues idées abstraites ; elles vous écraseront comme des moucherons, elles vous lanceront dans les airs à perte de vue ! »

Les persécutions que rencontre un homme de cœur, là où la plus stricte justice lui permettait d'espérer des témoignages unanimes de reconnaissance, manquent rarement de le décourager et d'aigrir son caractère. L'heureux naturel de Watt ne résista pas à de telles épreuves. Sept longues années de procès avaient excité en lui un sentiment de dépit, qui se faisait jour quelquefois dans des termes acerbes. « Ce que je redoute le plus au monde, écrivait-il à un de ses amis, ce sont les plagiaires. Les plagiaires ! Ils m'ont déjà cruellement assailli, et si je n'avais pas une excellente mémoire, leurs impudentes assertions auraient fini par me persuader que je n'ai apporté aucune amélioration à la machine à vapeur. Les mauvaises passions de ceux à qui j'ai été le plus utile, vont, le croiriez-vous ? jusqu'à leur faire soutenir que ces améliorations, loin de mériter une pareille qualification, ont été très-préjudiciables à la richesse publique. »

Watt, quoique vivement irrité, ne se découragea pas. Ses machines n'étaient d'abord, comme celles de Newcomen, que de simples pompes, que de simples moyens d'épuisement. En peu d'années il les transforma en moteurs universels, et d'une puissance indéfinie. Son premier pas, dans cette voie, fut la création de la *machine à double effet*.

Pour en concevoir le principe, qu'on se reporte à la *machine modifiée* dont nous avons déjà parlé (page 415). Le cylindre est fermé ; l'air extérieur n'y a aucun accès ; c'est la pression de la vapeur, et non celle de l'atmosphère qui fait descendre le piston ; c'est à un simple contre-poids qu'est dû le mouvement ascensionnel, car à l'époque où ce mouvement s'opère, la vapeur pouvant circuler librement entre le haut et le bas du cylindre, presse également le piston dans les deux sens opposés. Chacun voit ainsi que la *machine modifiée*, comme celle de Newcomen, n'a de force réelle que pendant l'oscillation descendante du piston.

Un changement très-simple remédiera à ce grave défaut, et nous donnera la *machine à double effet*.

Dans la machine connue sous ce nom, comme dans celle que nous avons appelée machine modifiée, la vapeur de la chaudière, quand le mécanicien le veut, va librement au-dessus du piston et le pousse sans rencontrer d'obstacle, puisque au même moment la capacité inférieure du cylindre est en communication avec le condenseur. Ce mouvement une fois achevé, et un certain robinet ayant été ouvert, la vapeur provenant de la chaudière ne peut se rendre qu'au-dessous du piston, et elle le soulève ; la vapeur supérieure qui avait produit le mouvement descendant, va alors se liquéfier dans le condenseur, avec lequel elle est, à son tour, en libre communication. Le mouvement contraire des robinets replace toutes les pièces dans l'état primitif, dès que le piston est au haut de sa course. De la sorte, les mêmes effets se reproduisent indéfiniment.

Le moteur, comme on le voit, est ici exclusivement la vapeur d'eau, et la machine, à cela près d'une inégalité dépendante du poids du piston, a la même puissance soit que ce piston monte, soit qu'il descende. Voilà pourquoi, dès son apparition, elle fut justement appelée *machine à double effet*.

Pour rendre son nouveau moteur d'une application commode et facile, Watt eut à vaincre d'autres difficultés : il fallut d'abord chercher les moyens d'établir une *communication rigide* entre la tige inflexible du piston oscillant en ligne droite et un balancier oscillant circulairement. La solution qu'il a donnée de cet important problème est peut-être sa plus ingénieuse invention.

Parmi les parties constituantes de la machine à vapeur, vous avez sans doute remarqué certain parallélogramme articulé. À chaque double oscillation il se développe et se resserre, avec le moelleux, j'ai presque dit avec la grâce qui vous charme dans les gestes d'un acteur consommé. Suivez attentivement de l'œil le progrès de ses diverses transformations, et vous les trouverez assujetties aux conditions géométriques les plus curieuses ; et vous verrez que *trois* des sommets des angles du parallélogramme décrivent dans l'espace des arcs de cercle, tandis que *le quatrième*, le sommet de l'angle qui soulève et abaisse la tige du piston se meut à très-peu près en ligne droite. L'immense utilité du résultat frappe encore moins les mécaniciens que la simplicité des moyens à l'aide desquels Watt l'a obtenu[2].

De la force n'est pas le seul élément de réussite dans les travaux industriels. La régularité d'action n'importe pas moins ; mais quelle régularité attendre d'un moteur qui s'engendre par le feu, à coup de pelletées de charbon, et même de charbon de différentes qualités ; sous la surveillance d'un ouvrier, quelquefois peu intelligent, presque toujours inattentif ? La vapeur motrice sera d'autant plus abondante, elle affluera dans le cylindre avec d'autant plus de rapidité, elle fera marcher le piston d'autant plus vite, que le feu aura plus d'intensité. De grandes inégalités de mouvement semblent donc inévitables. Le génie de Watt a dû pourvoir à ce défaut capital. Les soupapes par lesquelles la vapeur débouche de la chaudière pour entrer dans le cylindre n'ont pas une ouverture constante. Quand la marche de la machine s'accélère, ces soupapes se ferment en partie ; un volume déterminé de vapeur doit employer dès lors plus de temps à les traverser, et l'accélération s'arrête. Les ouvertures des soupapes se dilatent, au contraire, lorsque le mouvement se ralentit. Les pièces nécessaires à la réalisation de ces divers changements lient les soupapes avec les axes que la machine met en jeu, par l'intermédiaire d'un appareil dont Watt trouva le principe dans le régulateur des vannes de quelques moulins à farine, qu'il appela le *gouverneur* (governor), et qu'on nomme aujourd'hui *régulateur à force centrifuge*. Son efficacité est telle qu'on voyait, il y a peu d'années, à Manchester, dans la filature de coton d'un mécanicien de grand renom, M. Lee, une pendule mise en action par la machine à vapeur de l'établissement, et qui marchait sans trop de désavantage à côté d'une pendule ordinaire à ressort.

Le régulateur de Watt et un emploi bien entendu des volants, voilà le secret, le secret véritable de l'étonnante perfection des produits industriels de notre époque ; voilà ce qui donne aujourd'hui à la machine à vapeur une marche totalement exempte de saccades ; voilà pourquoi elle peut, avec le même succès, broder des mousselines et forger des ancres, tisser les étoffes les plus délicates et communiquer un mouvement rapide aux pesantes meules d'un moulin à farine. Ceci explique encore comment Watt avait dit, sans craindre le reproche d'exagération, que, pour éviter les allées et les venues des domestiques, il se ferait servir, il se ferait apporter les tisanes, en cas de maladie, par des engins dépendant de sa machine à vapeur. Je n'ignore pas que, suivant les gens du monde, cette suavité de mouvements s'obtient aux dépens de la force ; mais c'est une erreur, une erreur grossière ; le dicton « Faire beaucoup de bruit et peu de besogne, » n'est pas seulement vrai dans le monde moral ; c'est un axiome de mécanique.

Encore quelques mots, et nous arrivons au terme de ces détails techniques.

Depuis peu d'années, on a trouvé un grand avantage à ne pas laisser une libre communication entre la chaudière et le cylindre, pendant toute la durée de chaque oscillation de la machine. Cette communication est interrompue quand le piston, par exemple, arrive au tiers de sa course. Les deux tiers restants de la longueur du cylindre sont alors parcourus en vertu de la vitesse acquise, et surtout par l'effet de la *détente* de la vapeur. Watt avait déjà indiqué ce procédé[3]. De très-bons juges placent la détente, quant à l'importance économique, sur la ligne du condenseur. Il paraît certain que depuis son adoption, les machines du Cornouailles donnent des résultats inespérés ; qu'avec un boisseau (*bushel*) de charbon, elles réalisent le travail de vingt hommes travaillant dix heures. Rappelons-nous que, dans les districts houillers, un boisseau de charbon de terre coûte seulement *nine pence* (environ 18 sous de France), et il sera démontré que Watt a réduit, pour la plus grande partie de l'Angleterre, le prix d'une rude journée d'homme, d'une journée de dix heures de travail, à *moins d'un sou* de notre monnaie[4].

Des évaluations numériques font trop bien apprécier l'importance des inventions de notre confrère, pour que je puisse résister au désir de présenter encore deux autres rapprochements. Je les emprunte à un des plus célèbres correspondants de l'Académie, à M. John Herschel.

L'ascension du Mont-Blanc, à partir de la vallée de Chamouni, est considérée, à juste titre, comme l'œuvre la plus pénible qu'un homme puisse exécuter en deux jours. Ainsi, le maximum de travail mécanique dont nous soyons capables, en deux fois vingt-quatre heures, est mesuré par le transport du poids de notre corps à la hauteur du Mont-Blanc. Ce travail, ou l'équivalent, une machine à vapeur l'exécute en brûlant un kilogramme de charbon de terre. Watt a donc établi que la force journalière d'un homme ne dépasse pas celle qui est renfermée dans cinq cents grammes de houille.

Hérodote rapporte que la construction de la grande pyramide d'Égypte occupa cent mille hommes pendant vingt ans. La pyramide est de pierre calcaire ; son volume et son poids peuvent être facilement calculés ; on a trouvé que son poids est d'environ 5,900,000 kilogrammes.

Pour élever ce poids à 38 mètres, hauteur du centre de gravité de la pyramide, il faudrait brûler sous la chaudière d'une machine à vapeur 8, 244 hectolitres de charbon. Il est, chez nos voisins, telle fonderie qu'on pourrait citer qui consume une plus grande quantité de combustible chaque semaine.

1. ↥ Dans les notes dont il accompagna la dernière édition de l'essai du professeur Robison sur la machine à vapeur, Watt s'exprimait en ces termes au sujet de M. Boulton :

« L'amitié qu'il me portait n'a fini qu'avec sa vie. Celle que je lui avais vouée, m'impose le devoir de profiter de cette occasion, la dernière, probablement, qui s'offrira à moi, de dire combien je lui fus redevable. C'est à l'encouragement empressé de M. Boulton, à son goût pour les découvertes scientifiques, et à la sagacité avec laquelle il savait les faire tourner aux progrès des arts ; c'est aussi à la connaissance intime qu'il avait des affaires manufacturières et commerciales, que j'attribue, en grande partie, les succès dont mes efforts ont été couronnés. »

Une manufacture de M. Boulton existait déjà depuis quelques années à Soho, lorsque naquit l'association qui a rendu son nom inséparable de celui de Watt. Cet établissement, le premier sur une aussi grande échelle qui ait été formé en Angleterre, est encore cité aujourd'hui pour l'élégance de son architecture. Boulton y faisait toute sorte d'excellents ouvrages d'acier, de plaqué, d'argenterie, d'or moulu ; voire des horloges astronomiques et des peintures sur verre. Pendant les vingt dernières années de sa vie, Boulton s'occupa d'améliorations dans la fabrication des monnaies. Par la combinaison de quelques procédés, nés en France, avec de nouvelles presses et une ingénieuse application de la machine à vapeur, il sut allier une excessive rapidité d'exécution à la perfection des produits. C'est Boulton qui opéra, pour le compte du gouvernement anglais, la refonte de toutes les espèces en cuivre du royaume-uni. L'économie et la netteté de ce grand travail rendirent la contrefaçon presque impossible. Les exécutions nombreuses dont les villes de Londres et de Birmingham étaient jusque-là annuellement affligées, cessèrent entièrement. Ce fut à cette occasion que le docteur Darwin s'écria, dans son *Botanical Garden :* « Si à Rome on décernait une couronne civique à celui qui sauvait la vie d'un seul de ses concitoyens, M. Boulton n'a-t-il pas mérité d'être couvert chez nous de guirlandes de chêne ? »

M. Boulton mourut en 1809, à l'âge de quatre-vingt-un ans.

2. ↑ Voici en quels termes Watt rendait compte de l'essai de ce parallélogramme articulé :

« J'ai été moi-même surpris de la régularité de son action. Quand je l'ai vu marcher pour la première fois, j'ai eu véritablement tout le plaisir de la nouveauté, comme si j'avais examiné *l'invention d'une autre personne.* »

Smeaton, grand admirateur de l'invention de Watt, ne croyait pas, cependant, que dans la pratique elle pût devenir un moyen usuel et économique d'imprimer *directement* des mouvement de rotation à des axes. Il soutenait que les machines à vapeur serviraient toujours avec plus d'avantage à pomper directement de l'eau. Ce liquide, parvenu à des hauteurs convenables, devait ensuite être jeté dans les augets ou sur les palettes des roues hydrauliques ordinaires. À cet égard les prévisions de Smeaton ne se sont pas réalisées. J'ai vu cependant, en 1834, en visitant les établissements de M. Boulton, à Soho, une vieille machine à vapeur qui est encore employée à élever l'eau d'une large mare et à la verser dans les augets d'une grande roue hydraulique, lorsque la saison étant très-sèche l'eau motrice ordinaire ne suffit pas

3. ↑ Le principe de la détente de la vapeur, déjà nettement indiqué dans une lettre de Watt au docteur Small, portant la date de 1769, fut mis en pratique en 1776 à Soho, et en 1778 aux *Shadwell Water Work's* d'après des considérations économiques. L'invention, et les avantages qu'elle faisait espérer, sont pleinement décrits dans la patente de 1782.

4. ↑ Dans un moment où tant de personnes s'occupent de machines à vapeur à rotation immédiate, je commettrais un oubli impardonnable si je ne disais pas que Watt y avait non-seulement songé, ainsi qu'on en trouve la preuve dans ses brevets, mais encore qu'il en exécuta. Ces machines, Watt les abandonna, non qu'elles ne marchassent point, mais parce qu'elles lui parurent, sous le rapport économique, notablement inférieures aux machines à double effet et à oscillations rectilignes. Il est peu d'inventions, grandes ou petites, parmi celles dont les machines à vapeur actuelles offrent l'admirable réunion, qui ne soient le développement d'une des premières idées de Watt. Suivez ses travaux, et outre les points capitaux que nous avons énumérés minutieusement, vous le verrez proposer des machines sans condensation, des machines où après avoir agi, la vapeur se perd dans l'atmosphère, pour les localités où l'on se procurerait difficilement d'abondantes quantités d'eau froide. La détente à opérer dans des machines à plusieurs cylindres, figurera aussi parmi les projets de l'ingénieur de Soho. Il suggérera l'idée des pistons

parfaitement étanches, quoique composés exclusivement de pièces métalliques. C'est encore Watt qui recourra le premier à des manomètres à mercure pour apprécier l'élasticité de la vapeur dans la chaudière et dans le condenseur ; qui imaginera une jauge simple et permanente à l'aide de laquelle on connaîtra toujours, et d'un coup d'œil, le niveau de l'eau dans la chaudière ; qui, pour empêcher que ce niveau ne puisse varier d'une manière fâcheuse, liera les mouvements de la pompe alimentaire à ceux d'un flotteur ; qui, au besoin, établira sur une ouverture du couvercle du principal cylindre de la machine, un petit appareil (*l'indicateur*) combiné de telle sorte qu'il fera exactement connaître la loi de l'évacuation de la vapeur, dans ses rapports avec la position du piston, etc., etc. Si le temps me le permettait, je montrerais Watt non moins habile et non moins heureux dans ses essais pour améliorer les chaudières, pour atténuer les pertes de chaleur, pour brûler complétement les torrents de fumée noire qui s'échappent des cheminées ordinaires, quelque élevées qu'elles soient.

DES MACHINES CONSIDÉRÉES DANS LEURS RAPPORTS AVEC LE BIEN-ÊTRE DES CLASSES OUVRIÈRES[1].

Beaucoup de personnes, sans mettre en question le génie de Watt, regardent les inventions dont le monde lui est redevable et l'impulsion qu'elles ont donnée aux travaux industriels comme un malheur social. À les en croire, l'adoption de chaque nouvelle machine ajoute inévitablement au malaise, à la misère des artisans. Ces merveilleuses combinaisons mécaniques, que nous sommes habitués à admirer dans la régularité et l'harmonie de leurs mouvements, dans la puissance et la délicatesse de leurs effets, ne seraient que des instruments de dommage ; le législateur devrait les proscrire avec une juste et implacable rigueur.

Les opinions consciencieuses, alors surtout qu'elles se rattachent à de louables sentiments de philanthropie, ont droit à un examen attentif. J'ajoute que, de ma part, cet examen est un devoir impérieux. J'aurais négligé, en effet, le côté par lequel les travaux de notre illustre confrère sont le plus dignes de l'estime publique, si, loin de souscrire aux préventions de certains esprits contre le perfectionnement des machines, je ne signalais de tels travaux à l'attention des hommes de bien comme le moyen le plus puissant, le plus direct, le plus efficace de soustraire les ouvriers à de cruelles souffrances, et de les appeler au partage d'une foule de biens qui semblaient devoir rester l'apanage exclusif de la richesse.

Lorsqu'ils ont à opter entre deux propositions diamétralement opposées ; lorsque l'une étant vraie, l'autre est nécessairement fausse, et que rien, de prime abord, ne semble pouvoir dicter un choix rationnel, les géomètres se saisissent de ces propositions contraires ; ils les suivent minutieusement de ramifications en ramifications ; ils en font surgir leurs dernières conséquences logiques ; or, la proposition mal assise, et celle-là seulement, manque rarement de conduire par cette filière à quelques résultats qu'un esprit lucide ne saurait admettre. Essayons un moment de ce mode d'examen dont Euclide fait un fréquent usage, et qu'on désigne si justement par le nom de *méthode de réduction à l'absurde.*

Les adversaires des machines voudraient les anéantir ou, du moins, en restreindre la propagation, pour conserver, disent-ils, plus de travail à la classe ouvrière. Plaçons-nous un moment à ce point de vue, et l'anathème s'étendra bien au delà des machines proprement dites.

Dès le début, nous serons amenés par exemple à taxer nos ancêtres d'une profonde imprévoyance. Si au lieu de fonder, si au lieu de s'obstiner à étendre la ville de Paris sur les deux rives de la Seine, ils s'étaient établis au milieu du plateau de Villejuif, depuis des siècles les porteurs d'eau formeraient la corporation la plus occupée, la plus nécessaire, la plus nombreuse. Eh bien, messieurs les économistes, mettez-vous à l'œuvre en faveur des porteurs d'eau. Dévier la Seine de son cours n'est pas une chose impossible ; proposez ce travail ; ouvrez sans retard une souscription pour mettre Paris à sec, et la risée générale vous apprendra que la méthode de la réduction à l'absurde a du bon, même en économie politique ; et, dans leur sens droit, les ouvriers vous diront eux-mêmes que la rivière a créé l'immense capitale où ils trouvent tant de ressources ; que, sans elle, Paris serait peut-être encore un Villejuif.

Les bons Parisiens s'étaient félicités jusqu'ici du voisinage de ces inépuisables carrières où les générations vont arracher les matériaux qui servent à la construction de leurs temples, de leurs palais, de leurs habitations particulières. Pure illusion ! La nouvelle économie politique vous prouvera qu'il eût été éminemment avantageux que le plâtre, que les pierres de taille, que les moellons ne se fussent trouvés qu'aux environs de Bourges, par exemple. Dans cette hypothèse, supputez en effet sur vos doigts le nombre d'ouvriers qu'il eût été nécessaire d'employer pour amener sur les chantiers de la capitale toutes les pierres que, depuis cinq siècles, les architectes y ont manipulées, et vous trouverez un résultat vraiment prodigieux ; et, pour peu que les nouvelles idées vous sourient, vous pourrez vous extasier à votre aise sur le bonheur qu'un pareil état de choses eût répandu parmi les prolétaires !

Hasardons quelques doutes, quoique je sache très-bien que les Vertot de notre époque ressemblent parfaitement à l'historien de Rhodes, *quand leur siége est fait.*

La capitale d'un puissant royaume peu éloigné de la France est traversée par un fleuve majestueux que les vaisseaux de guerre eux-mêmes remontent à pleines voiles. Des canaux sillonnent, dans toutes sortes de directions, les contrées environnantes et transportent à peu de frais les plus lourds fardeaux. Un véritable réseau de routes admirablement entretenues conduit aux parties les plus reculées du territoire. À ces dons de la nature et de l'art, la capitale, que tout le monde a déjà nommée, joint *un avantage* dont la ville de Paris est privée : les carrières de pierre à bâtir ne sont pas à sa porte, elles n'existent qu'au loin. Voilà donc l'utopie des nouveaux économistes réalisée. Ils vont compter, n'est-ce pas, par centaines de mille, peut-être par millions, les carriers, les bateliers, les charretiers, les appareilleurs employés sans cesse à extraire, à transporter, à préparer les moellons, les pierres de taille nécessaires à la construction de l'immense quantité d'édifices dont cette capitale s'enrichit chaque année. Laissons-les compter à leur aise. Il arrive dans cette ville ce qui serait arrivé à Paris privé de ses riches carrières : la pierre étant très-chère, on n'en fait pas usage ; la brique la remplace presque partout.

Des millions d'ouvriers exécutent aujourd'hui à la surface et dans les entrailles de la terre, d'immenses travaux auxquels il faudrait totalement renoncer si certaines machines étaient abandonnées. Il suffira de deux ou trois exemples pour rendre cette vérité palpable.

L'enlèvement journalier des eaux qui surgissent dans les galeries des seules mines de Cornouailles, exige une force de cinquante mille chevaux ou de trois cent mille hommes. Je vous le demande, le salaire de trois cent mille ouvriers n'absorberait-il pas tous les bénéfices de l'exploitation ?

La question des salaires et des bénéfices paraît-elle trop délicate ? D'autres considérations nous conduiront à la même conséquence.

Le service d'une seule mine de cuivre de Cornouailles, comprise dans les *Consolidaled-Mines*, exige une machine à vapeur de plus de trois cents chevaux constamment attelés, et réalise, chaque vingt-quatre heures, le travail d'un millier de chevaux. Puis-je craindre d'être démenti en affirmant qu'il n'existe aucun moyen de faire agir plus de trois cents chevaux, ou deux à trois mille hommes, simultanément et d'une manière utile, sur l'ouverture bornée d'un puits de mine ? Proscrire la machine des *Consolidated-Mines*, ce serait donc réduire à l'inaction le grand nombre d'ouvriers dont elle rend le travail possible ; ce serait déclarer que le cuivre et l'étain du Cornouailles y resteront éternellement ensevelis sous une masse de terre, de roches et de liquide de plusieurs centaines de mètres d'épaisseur. La thèse, ramenée à cette dernière forme, aura certainement peu de défenseurs ; mais qu'importe la forme lorsque le fond est évidemment le même ?

Si, des travaux qui exigent un immense développement de forces, nous passions à l'examen de divers produits industriels que la délicatesse de leurs éléments, la régularité de leurs formes, ont fait ranger parmi les merveilles de l'art, l'insuffisance, l'infériorité de nos organes, comparés aux combinaisons ingénieuses de la mécanique, frapperaient également tous les esprits. Quelle est, par exemple, l'habile fileuse qui pourrait tirer d'une seule livre de coton brut, un fil de cinquante-trois lieues de long, comme le fait la machine nommée *Mule-Jenny* ?

Je n'ignore pas tout ce que certains moralistes ont débité touchant l'inutilité des mousselines, des dentelles, des tulles que ces fils déliés servent à fabriquer ; mais qu'il me suffise de remarquer que les *Mule-Jenny* les plus parfaites marchent sous la surveillance continuelle d'un grand nombre d'ouvriers ; que toute la question, pour eux, est de fabriquer des produits qui se vendent ; qu'enfin, si le luxe est un mal, un vice, un crime même, on doit s'en prendre aux acheteurs, et non à ces pauvres prolétaires, dont l'existence serait, je crois, fort aventurée, s'ils usaient leurs forces à fabriquer, à l'usage des dames, au lieu du tulle mondain, des étoffes de bure.

Quittons maintenant toutes ces remarques de détail, et pénétrons dans le fond même de la question.

« Il ne faut pas, a dit Marc-Aurèle, recevoir les opinions de nos pères, comme le feraient des enfants, par la seule raison que nos pères les ont eues. » Cette maxime, assurément très-juste, ne doit pas nous empêcher de penser, de présumer du moins, que les opinions contre lesquelles aucune critique ne s'est jamais élevée depuis l'origine des sociétés, ne soient conformes à la raison et à l'intérêt général. Eh bien, sur la question tant débattue de l'utilité des machines, quelle était l'opinion unanime de l'antiquité ? Son ingénieuse mythologie va nous l'apprendre : les fondateurs des empires, les législateurs, les vainqueurs des tyrans qui opprimaient leur patrie, recevaient seulement le titre de *demi-dieux* ; c'était parmi les dieux mêmes qu'était placé l'inventeur de la bêche, de la faucille, de la charrue.

J'entends déjà nos adversaires se récrier sur l'extrême simplicité des instruments que je cite, leur refuser hardiment le nom de machines, ne vouloir les qualifier que d'*outils*, et se retrancher obstinément derrière cette distinction.

Je pourrais répondre qu'une semblable distinction est puérile ; qu'il serait impossible de dire avec précision où l'outil finit, où la machine commence ; mais il vaut mieux remarquer que, dans les plaidoyers contre les machines, il n'a jamais été parlé de leur plus ou moins grande complication. Si on les repousse, c'est parce qu'avec leur concours un ouvrier fait le travail de plusieurs ouvriers ; or, oserait-on soutenir qu'un couteau, qu'une vrille, qu'une lime, qu'une scie, ne donnent pas une merveilleuse facilité d'action à la main qui les emploie ; que cette main, ainsi fortifiée, ne puisse faire le travail d'un grand nombre de mains armées seulement de leurs ongles ?

Ils ne s'arrêtaient pas devant la sophistique distinction d'outils et de machines, les ouvriers qui, séduits par les détestables théories de quelques-uns de leurs prétendus amis, parcouraient en 1830 certains comtés de l'Angleterre en vociférant le cri de *mort aux machines !* Logiciens rigoureux, ils brisaient dans les fermes la faucille destinée à moissonner, le fléau qui sert à battre le blé, le crible à l'aide duquel on vanne le grain. La faucile, le fléau et le crible ne sont-ils pas, en effet, des moyens de travail abrégés ? La bêche, la pioche, la charrue, le semoir, ne pouvaient trouver grâce devant cette horde aveuglée, et si quelque chose m'étonne, c'est que, dans sa fureur, elle ait épargné les chevaux, espèces de machines d'un entretien comparativement économique, et dont chacune peut exécuter, par jour, le travail de six ou sept ouvriers.

L'économie politique a heureusement pris place parmi les sciences d'observation. L'expérience de la substitution des machines aux êtres animés s'est trop souvent renouvelée depuis quelques années, pour qu'on ne puisse pas, dès à présent, en saisir les résultats généraux au milieu de quelques irrégularités accidentelles. Ces résultats, les voici :

En épargnant la main-d'œuvre, les machines permettent de fabriquer à meilleur marché ; l'effet de ce meilleur marché est une augmentation de demande : une si grande, augmentation, tant notre désir de bien-être a de vivacité, que, malgré le plus inconcevable abaissement dans les prix, la valeur vénale de la totalité de la marchandise produite surpasse chaque année ce qu'elle était avant le perfectionnement ; le nombre des ouvriers qu'emploie chaque industrie s'accroît avec l'introduction des moyens de fabrication expéditifs.

Ce dernier résultat est précisément l'opposé de celui que les adversaires des machines invoquent. De prime abord, il pourrait sembler paradoxal ; cependant nous allons le voir ressortir d'un examen rapide des faits industriels les mieux constatés.

Lorsque, il y a trois siècles et demi, la machine à imprimer fut inventée, des copistes pourvoyaient de livres le très-petit nombre d'hommes riches qui se permettaient cette dispendieuse fantaisie. Un seul de ces copistes, à l'aide du nouveau procédé, pouvant faire l'ouvrage de deux cents, on ne manqua pas, dès cette époque, de qualifier d'*infernale* une invention qui, dans une certaine classe de la société, devait réduire à l'inaction neuf cent quatre-vingt-quinze personnes sur mille. Plaçons le résultat réel à côté de la sinistre prédiction.

Les livres manuscrits étaient très-peu demandés ; les livres imprimés, au contraire, à cause de leur bas prix, furent recherchés avec le plus vif empressement. On se vit obligé de reproduire sans cesse les écrivains de la Grèce et de Rome. De nouvelles idées, de nouvelles opinions firent surgir une multitude d'ouvrages, les uns d'un intérêt éternel, les autres inspirés par des circonstances passagères. On a calculé, enfin, qu'à Londres, avant l'invention de l'imprimerie, le commerce des livres n'occupait que deux cents personnes ; aujourd'hui, c'est par des vingtaines de milliers qu'on les compte.

Et que serait-ce encore si, laissant de côté le point de vue restreint et pour ainsi dire matériel qu'il m'a fallu choisir, nous étudiions l'imprimerie par ses faces morales et intellectuelles ; si nous examinions l'influence qu'elle a exercée sur les mœurs publiques, sur la diffusion des lumières, sur les progrès de la raison humaine ; si nous opérions le dénombrement de tant de livres dont on lui est redevable, que les copistes auraient certainement dédaignés, et dans lesquels le génie va journellement puiser les éléments de ses conceptions fécondes ! Mais je me rappelle qu'il ne doit être question, dans ce moment, que du nombre d'ouvriers employés par chaque industrie.

Celle du coton offre des résultats plus démonstratifs encore que l'imprimerie. Lorsqu'un ingénieux barbier de Preston, Arkwright, lequel, par parenthèse, a laissé à ses enfants deux à trois millions de francs de revenu, rendit utile et profitable la substitution des cylindres tournants aux doigts des fileuses, le produit annuel de la manufacture de coton en Angleterre ne s'élevait qu'à cinquante millions de francs ; maintenant ce produit dépasse neuf cents millions. Dans le seul comté de Lancastre, on livre tous les ans, aux manufactures de calicot, une quantité de fil que vingt et un millions de fileuses habiles ne pourraient pas fabriquer avec le seul secours de la quenouille et du fuseau. Aussi, quoique dans l'art du filateur les moyens mécaniques aient été pour ainsi dire poussés à leur dernier degré de perfectionnement, un million et demi d'ouvriers trouvent aujourd'hui de l'emploi, là où, avant les inventions d'Arkwright et de Watt, on en comptait seulement cinquante mille[2].

Certain philosophe s'est écrié, dans un profond accès de découragement : « Il ne se publie aujourd'hui rien de neuf, à moins qu'on n'appelle ainsi ce qui a été oublié. » S'il entendait seulement parler d'erreurs et de préjugés, le philosophe disait vrai. Les siècles ont été tellement féconds en ce genre qu'ils ne peuvent plus guère laisser à personne les avantages de la priorité. Par exemple, les prétendus philanthropes modernes n'ont pas le mérite (si toutefois mérite il y a) d'avoir inventé les systèmes que j'examine. Voyez plutôt ce pauvre William Lea faisant manœuvrer le premier métier à bas devant le roi Jacques Ier ! Le mécanisme parut admirable ; pourquoi le repoussa-t-on ? Ce fut sous le prétexte que la classe ouvrière allait en souffrir. La France se montra tout aussi peu prévoyante : William Lea n'y trouva aucun encouragement, et il alla mourir à l'hôpital, comme tant d'autres hommes de génie qui ont eu le malheur de marcher trop en avant de leur siècle !

Au surplus, on se tromperait beaucoup en imaginant que la corporation des tricoteurs, dont William Lea devint ainsi la victime, fut bien nombreuse. En 1583, les personnes de haut rang et de grande fortune portaient seules des bas. La classe moyenne remplaçait cette partie de nos vêtements par des bandelettes étroites de diverses étoffes. Le restant de la population (neuf cent quatre-vingt-dix-neuf sur mille) marchait jambes nues. Sur mille individus, il n'en est pas plus d'un aujourd'hui à qui l'excessif bon marché ne permette d'acheter des bas. Aussi un nombre immense d'ouvriers est-il dans tous les pays du monde occupé de ce genre de fabrication.

Si on le juge nécessaire, j'ajouterai qu'à Stock-port, la substitution de la vapeur à la force des bras, dans la manœuvre des métiers à tisser, n'a pas empêché le nombre des ouvriers de s'y accroître d'un tiers en très-peu d'années.

Il faut ôter enfin à nos adversaires leur dernière ressource ; il faut qu'ils ne puissent pas dire que nous avons seulement cité d'anciennes industries. Je ferai donc remarquer combien ils se sont trompés naguère dans leurs lugubres prévisions touchant l'influence de la gravure sur acier. Une planche de cuivre, disaient-ils, ne peut pas donner plus de deux mille épreuves. Une planche en acier, qui en fournit cent mille sans s'user, remplacera cinquante planches de cuivre. Ces chiffres n'établissent-ils pas que le plus grand nombre des graveurs (que quarante-neuf sur cinquante) se verront forcés de déserter les ateliers, de changer leur burin contre la truelle et la pioche, ou d'implorer dans la rue la pitié publique ?

Pour la vingtième fois, prophètes de malheur, veuillez ne pas oublier dans vos élucubrations, le principal élément du problème que vous prétendez résoudre ! Songez au désir insatiable de bien-être que la nature a déposé dans le cœur de l'homme ; songez qu'un besoin satisfait appelle sur-le-champ un autre besoin ; que nos appétits de toute espèce s'augmentent avec le bon marché des objets qui peuvent les alimenter, et de manière à défier les facultés créatrices des machines les plus puissantes.

Ainsi, pour revenir aux gravures, l'immense majorité du public s'en passait quand elles étaient chères ; leur prix diminue, et tout le monde les recherche. Elles sont devenues l'ornement nécessaire des meilleurs livres ; elles donnent aux livres médiocres quelques chances de débit. Il n'est pas jusqu'aux almanachs où les antiques et hideuses figures de Nostradamus, de Mathieu Laensberg, ne soient aujourd'hui remplacées par des vues pittoresques qui transportent, en quelques secondes, nos immobiles citadins, des rives du Gange à celles de l'Amazone, de l'Himalaya aux Cordillères, de Pékin à New-York. Voyez aussi ces graveurs, dont on nous annonçait si piteusement la ruine, jamais ils ne furent ni plus nombreux, ni plus occupés.

Je viens de rapporter des faits irrécusables. Ils ne permettront pas, je crois, de soutenir que sur cette terre, que parmi ses habitants, tels du moins que la nature les a créés, l'emploi des machines doive avoir pour conséquence la diminution du nombre d'ouvriers employés dans chaque genre d'industrie. D'autres habitudes, d'autres mœurs, d'autres passions auraient peut-être conduit à un résultat tout différent ; mais ce texte, je l'abandonne à ceux qui seraient tentés de composer des traités d'économie industrielle à l'usage des habitants de la lune, de Jupiter ou de Saturne.

Placé sur un théâtre beaucoup plus restreint, je me demande si, après avoir sapé par sa base le système des adversaires des machines, il peut être encore nécessaire de jeter un coup d'œil sur quelques critiques de détail. Faut-il remarquer, par exemple, que la taxe des pauvres, cette plaie toujours saignante de la nation britannique, cette plaie que l'on s'efforce de faire dériver de l'abus des machines, date du règne d'Élisabeth, d'une époque antérieure de deux siècles aux travaux des Arkwright et des Watt ?

Vous avouerez du moins, nous dit-on, que les machines à feu, que les Mule-Jenny, que les métiers dont on fait usage pour carder, pour imprimer, etc., objets de vos prédilections, n'ont pas empêché le paupérisme de grandir et de se propager ? Ce nouvel aveu me coûtera peu. Quelqu'un présenta-t-il les machines comme une panacée universelle ? Soutint-on jamais qu'elles auraient le privilège inouï d'écarter l'erreur et la passion des assemblées politiques ; qu'elles dirigeraient les conseillers des princes dans les voies de la modération, de la sagesse, de l'humanité ? Prétendit-on qu'elles détourneraient Pitt de s'immiscer sans relâche dans les affaires des pays voisins ; de susciter chaque année, et sur tous les points de l'Europe, des ennemis à la France ; de leur payer de riches subsides, de grever enfin l'Angleterre d'une dette de plusieurs milliards ? Voilà, voilà pourquoi la taxe des pauvres s'est si vite et si prodigieusement accrue. Les machines n'ont pas produit, n'ont pas pu produire ce mal. J'ose même affirmer qu'elles l'ont beaucoup atténué, et je le prouve en deux mots. Le comté de Lancastre est le plus manufacturier de toute l'Angleterre. C'est là que se trouvent les villes de Manchester, de Preston, de Bolton, de Warrington, de Liverpool ; c'est dans ce comté que les machines ont été le plus brusquement, le plus généralement introduites. Eh bien, répartissons la totalité de la valeur annuelle de la taxe des pauvres du Lancashire, sur l'ensemble de la population ; cherchons, en d'autres termes, la quote-part de chaque individu, et nous trouverons un résultat près de trois fois plus petit que dans la moyenne de tous les autres comtés ! Vous le voyez, les chiffres traitent sans pitié les faiseurs de systèmes. Au reste, que ces grands mots de taxe des pauvres ne nous fassent pas croire, sur la foi de quelques déclamateurs, que chez nos voisins les classes laborieuses sont entièrement dépourvues de ressources et de prévoyance. Un travail de fraîche date a montré que, dans l'Angleterre seule (l'Irlande et l'Écosse étant ainsi laissées de côté), le capital appartenant à de simples ouvriers qui se trouve en dépôt dans les caisses d'épargne, approche de 400 millions de francs. Les recensements opérés dans les principales villes ne sont pas moins instructifs.

Un seul principe est resté incontesté au milieu des débats animés que l'économie politique a fait naître : c'est que la population s'accroît avec l'aisance générale, et qu'elle diminue rapidement dans les temps de misère[3]. Plaçons des faits à côté du principe. Tandis que la population moyenne de l'Angleterre s'augmentait pendant les trente dernières années de 50 pour 100, Nottingham et Birmingham, deux des villes les plus industrielles, présentaient des accroissements de 25 et de 40 pour 100 plus considérables encore. Manchester et Glasgow enfin, qui occupent le premier rang dans tout l'empire britannique, par le nombre, la grandeur et l'importance des machines qu'elles emploient, voyaient, dans le même intervalle des trente dernières années, leur population s'augmenter de 150 et de 160 pour 100. C'était trois ou quatre fois plus que dans les comtés agricoles et les villes non manufacturières.

De pareils chiffres parlent assez d'eux-mêmes. Il n'est pas de sophisme, de fausse philanthropie, de mouvements d'éloquence qui puissent leur résister.

Les machines ont soulevé un genre particulier d'objections que je ne dois pas passer sous silence. Au moment de leur introduction, au moment où elles commencent à remplacer le travail manuel, certaines classes d'ouvriers souffrent de ce changement. Leur honorable, leur laborieuse industrie se trouve anéantie presque tout à coup. Ceux-là même qui, dans l'ancienne méthode, étaient les plus habiles, manquant quelquefois des qualités que le nouveau procédé exige, restent sans ouvrage. Il est rare qu'ils parviennent tout de suite à se rattacher d'autres genres de travaux.

Ces réflexions sont justes et vraies. J'ajouterai que les tristes conséquences qu'elles signalent doivent se reproduire fréquemment ; qu'il suffit de quelques caprices de la mode pour engendrer de profondes misères. Si je ne conclus pas de là que le monde doive rester stationnaire, à Dieu ne plaise qu'en voulant le progrès dans l'intérêt général de la société, je prétende qu'elle puisse rester sourde aux souffrances individuelles dont ce progrès est momentanément la cause ! L'autorité, toujours aux aguets des nouvelles inventions, manque rarement de les atteindre par des mesures fiscales ; serait-ce trop exiger d'elle, si l'on demandait que les premières contributions levées sur le génie servissent à ouvrir des ateliers spéciaux, où les ouvriers brusquement dépossédés trouveraient, pendant quelque temps, un emploi en harmonie avec leurs forces et leur intelligence ! Cette marche a quelquefois été suivie avec succès ; il resterait donc à la généraliser. L'humanité fait un devoir de la suivre, une saine politique la conseille ; au besoin, des événements terribles dont l'histoire a conservé le souvenir la recommanderaient aussi par son côté économique.

Aux objections des théoriciens qui craignaient de voir les progrès de la mécanique réduire les classes ouvrières à une inaction complète, ont succédé des difficultés tout opposées, sur lesquelles il semble indispensable de s'arrêter quelques instants.

En supprimant dans les manufactures toutes les manœuvres de force, les machines permettent d'y appeler en grand nombre les enfants des deux sexes. Des industriels, des parents cupides abusent souvent de cette faculté. Le temps consacré au travail dépasse toute mesure raisonnable. Pour l'appât journalier de huit à dix centimes, on voue à un abrutissement éternel des intelligences que quelques heures d'étude eussent fécondées, on condamne à un douloureux rachitisme des organes qui auraient besoin, pour se développer, du grand air et de l'action bienfaisante des rayons solaires.

Demander au législateur de mettre un terme à cette hideuse exploitation du pauvre par le riche ; solliciter des mesures pour combattre la démoralisation qui est la conséquence ordinaire des nombreuses réunions des jeunes ouvriers ; essayer d'introduire, de disséminer certaines machines dans les chaumières, afin que, suivant les saisons, les travaux agricoles puissent s'y marier à ceux de l'industrie, c'est faire acte de patriotisme, d'humanité ; c'est bien connaître les besoins actuels des classes ouvrières. Mais s'obstiner à exécuter de main d'homme, laborieusement, chèrement, des travaux que les machines réalisent en un clin d'œil et à bon marché ; mais assimiler les prolétaires à des brutes ; leur demander des efforts journaliers qui ruinent leur santé, et que la science peut tirer, au centuple, de l'action du vent, de l'eau, de la vapeur, ce serait marcher en sens contraire du but qu'on veut atteindre ; ce serait vouer les pauvres à la nudité ; réserver exclusivement aux riches une foule de jouissances qui sont maintenant le partage de tout le monde ; ce serait, enfin, revenir de gaieté de cœur, aux siècles d'ignorance, de barbarie et de misère.

Il est temps de quitter ce sujet, quoique je sois loin de l'avoir épuisé. Je n'aurai certainement pas triomphé d'une foule de préventions invétérées, systématiques. Du moins, je puis espérer que mon plaidoyer obtiendra l'assentiment de ces mille et mille oisifs de la capitale, dont la vie se passe à coordonner le goût des plaisirs avec les exigences de leur mauvaise santé. Dans quelques années, grâce aux découvertes de Watt, tous ces sybarites, incessamment poussés par la vapeur sur des chemins de fer, pourront visiter rapidement les différentes régions du royaume. Ils iront, dans le même jour, voir appareiller notre escadre à Toulon ; déjeuner à Marseille avec les succulents rougets de la Méditerranée ; plonger à midi leurs membres énervés dans l'eau minérale de Bagnères, et ils reviendront le soir, par Bordeaux, au bal de l'Opéra ! Se récrie-t-on ? je dirai que mon itinéraire suppose seulement une marche de vingt-six lieues à l'heure ; que divers essais de voitures à vapeur ont déjà réalisé des vitesses de quinze lieues ; que M. Stephenson, enfin, le célèbre ingénieur de Newcastle, offre de construire des machines deux fois et demie plus rapides : des machines qui franchiront 40 lieues à l'heure !

1. ↑ En écrivant ce chapitre, il m'a semblé que je pouvais user sans scrupule de beaucoup de documents que j'ai recueillis, soit dans divers entretiens avec mon illustre ami lord Brougham, soit dans les ouvrages qu'il a publiés lui-même ou qui ont paru sous son patronage.

Si je m'en rapportais aux critiques que plusieurs personnes ont imprimées depuis la lecture de cette Biographie, en essayant de combattre l'opinion que les machines sont nuisibles aux classes ouvrières, je me serais attaqué à un vieux préjugé sans consistance actuelle, à un véritable fantôme. Je ne demanderais pas mieux que de le croire et alors, je supprimerais très-volontiers tous mes raisonnements, bons ou mauvais. Malheureusement, des lettres que de braves ouvriers m'adressent fréquemment, soit comme académicien, soit comme député ; malheureusement, les dissertations *ex professo* et assez récentes de divers économistes, ne me laissent aucun doute sur la nécessité de dire encore aujourd'hui, de répéter sous toutes les formes, que les machines n'ont jamais été la cause réelle et permanente des souffrances d'une des classes les plus nombreuses et les plus intéressantes de la société ; que leur destruction aggraverait l'état présent des choses ; que ce n'est nullement de ce côté qu'on trouverait le remède à des maux auxquels je compatis de toute mon âme.

2. ↑ M. Edward Baines, auteur d'une histoire très-estimée des manufactures de cotons britanniques, a eu la bizarre curiosité de chercher quelle longueur de fil est annuellement employée dans la fabrication des étoffes de coton. Cette longueur totale, il la trouve égale à *cinquante et une fois la distance du soleil à la terre !* (cinquante et une fois trente-neuf millions de lieues de poste, ou environ deux mille millions de ces mêmes lieues).

3. ↑ L'Irlande est une exception à cette règle, dont la cause est bien connue, et sur laquelle j'aurai occasion de revenir.

Birmingham, lorsque Watt alla s'établir à Soho, comptait parmi les habitants du voisinage, Priestley, dont le nom dit tout ; Darwin, l'auteur de la *Zoonomie* et d'un poëme célèbre sur les amours des plantes ; Withering, médecin et botaniste distingué ; Keir, chimiste bien connu par les notes de sa traduction de Macquer et par un Mémoire intéressant sur la cristallisation du verre ; Galton, à qui l'on devait un Traité élémentaire d'ornithologie ; Edgeworth, auteur de divers ouvrages justement appréciés, et père de la si célèbre miss Maria. Ces savants devinrent bientôt les amis de l'illustre mécanicien, et formèrent, pour la plupart, avec lui et Boulton, une association sous le nom de *Lunar Society* (Société lunaire). Un titre si bizarre a donné lieu à d'étranges méprises : il signifiait seulement qu'on se réunissait le soir même de la pleine lune, époque du mois choisie de préférence, afin que les académiciens y vissent clair en rentrant chez eux.

Chaque séance de la Société lunaire était pour Watt une nouvelle occasion de faire remarquer l'incomparable fécondité d'invention dont la nature l'avait doué. « J'ai imaginé, dit un jour Darwin à ses confrères, certaine plume double, certaine plume à deux becs, à l'aide de laquelle on écrira chaque chose deux fois ; qui donnera ainsi d'un seul coup l'original et la copie d'une lettre. – J'espère trouver une meilleure solution du problème, repartit Watt presque aussitôt : je mûrirai mes idées ce soir, et je vous les communiquerai demain. » Le lendemain la presse à copier était inventée, et même un petit modèle permettait déjà de juger de ses effets. Cet instrument si utile, et si généralement adopté dans tous les comptoirs anglais, a reçu récemment quelques modifications dont plusieurs artistes ont voulu se faire honneur ; mais je puis assurer que la forme actuelle était déjà décrite et dessinée, à la date de 1780, dans le brevet de notre confrère.

Le chauffage à la vapeur est de trois ans postérieur. Watt l'établit chez lui à la fin de 1783. Il faut le reconnaître, cette ingénieuse méthode se trouve déjà indiquée par le colonel Cooke, dans les *Transactions philosophiques* de l'année 1745[1] ; mais l'idée était passée inaperçue. Watt, en tout cas, n'aura pas seulement le mérite de l'avoir fait revivre : c'est lui qui l'appliqua le premier ; ce furent ses calculs sur l'étendue des surfaces nécessaires à l'échauffement des salles de différentes grandeurs, qui, à l'origine, servirent de guide à la plupart des ingénieurs anglais.

Watt n'aurait produit, pendant sa longue carrière, que la machine à condenseur séparé, la machine à détente et le parallélogramme articulé, qu'il occuperait encore une des premières places parmi le petit nombre d'hommes dont la vie fait époque dans les annales du monde ; mais son nom me semble se rattacher aussi avec éclat à la plus grande, à la plus féconde découverte de la chimie moderne : à la *découverte de la composition de l'eau*. Mon assertion pourra paraître téméraire, car les nombreux ouvrages où ce point capital de l'histoire des sciences est traité *ex professo*, ont oublié Watt. J'espère, cependant, que vous voudrez bien suivre ma discussion sans prévention ; que vous ne vous laisserez pas détourner de tout examen, par des autorités d'ailleurs moins nombreuses qu'on ne le suppose ; que vous ne refuserez point de remarquer combien peu d'auteurs remontent aujourd'hui aux sources originales, combien ils trouvent pénible de secouer la poussière des bibliothèques, combien il leur semble commode, au contraire, de vivre sur l'érudition d'autrui, de réduire la composition d'un livre à un simple travail de rédaction. Le mandat que je tenais de votre confiance m'a semblé plus sérieux : j'ai compulsé de nombreux mémoires imprimés, toutes les pièces d'une volumineuse correspondance authentique encore manuscrite, et si je viens, après cinquante ans, réclamer en faveur de James Watt un honneur trop légèrement accordé à un de ses plus illustres compatriotes, c'est qu'il m'a semblé utile de montrer qu'au sein des académies la vérité se fait jour tôt ou tard, et qu'en matière de découvertes il n'y a jamais prescription.

Les quatre prétendus éléments, le feu, l'air, l'eau et la terre, dont les combinaisons variées devaient donner naissance à tous les corps connus, sont un des nombreux legs de la philosophie brillante qui, pendant des siècles, a ébloui les plus nobles intelligences et les a égarées. Van

Helmont, le premier, ébranla, mais légèrement, un des principes de cette ancienne théorie, en signalant à l'attention des chimistes plusieurs fluides élastiques permanents, plusieurs *airs*, qu'il appela *des gaz*, et dont les propriétés différaient de celles de l'air ordinaire, de celles de l'air élément. Les expériences de Boyle et de Hooke soulevèrent des difficultés plus graves encore : elles établirent que l'air commun, nécessaire à la respiration et à la combustion, subit dans ces deux phénomènes des changements notables, des changements de propriété, ce qui implique l'idée de composition. Les nombreuses observations de Hales ; les découvertes successives de l'acide carbonique par Black, de l'hydrogène par Cavendish ; de l'acide nitreux, de l'oxygène, de l'acide muriatique, de l'acide sulfureux et de l'ammoniaque par Priestley, reléguèrent définitivement l'antique idée d'un air unique et élémentaire, parmi les conceptions hasardées et presque constamment fausses qu'enfantent tous ceux qui ont l'audace de se croire appelés, non à découvrir, mais à deviner la marche de la nature.

Au milieu de tant de remarquables travaux, l'eau avait toujours conservé son caractère d'élément. L'année 1776 fut, enfin, signalée par une des observations qui devaient amener au renversement de cette croyance générale. On doit l'avouer, de la même année datent aussi les singuliers efforts que firent longtemps les chimistes pour ne pas se rendre aux conséquences naturelles de leurs expériences. L'observation dont je veux parler appartient à Macquer.

Ce chimiste judicieux ayant placé une soucoupe de porcelaine blanche sur la flamme de gaz hydrogène qui brûlait tranquillement au goulot d'une bouteille, observa que cette flamme n'était accompagnée d'aucune fumée proprement dite, qu'elle ne déposait point de suie ; l'endroit de la soucoupe que la flamme *léchait* se couvrit de gouttelettes assez sensibles d'un liquide semblable à de l'eau, et qui, après vérification, se trouva être de l'eau pure. Voilà assurément un singulier résultat. Remarquez-le bien, c'est au milieu de la flamme, dans l'endroit de la soucoupe qu'elle léchait, comme dit Macquer, que se déposèrent les gouttelettes d'eau ! Ce chimiste, cependant, ne s'arrête point sur ce fait ; il ne s'étonne pas de ce qu'il a d'étonnant ; il le cite tout simplement, sans aucun commentaire ; il ne s'aperçoit pas qu'il vient de toucher du doigt à une grande découverte.

Le génie, dans les sciences d'observation, se réduirait-il donc à la faculté de dire à propos, *Pourquoi ?*

Le monde physique compte des volcans qui n'ont jamais fait qu'une seule explosion. Dans le monde intellectuel il est, de même, des hommes qui, après un éclair de génie, disparaissent entièrement de l'histoire de la science. Tel a été Warltire, dont l'ordre chronologique des dates m'amène à citer une expérience vraiment remarquable. Au commencement de l'année 1781, ce physicien imagina qu'une étincelle électrique ne pourrait traverser certains mélanges gazeux sans y déterminer quelques changements. Une idée aussi neuve, qu'aucune analogie ne suggérait alors, et dont on a fait depuis de si heureuses applications, aurait, ce me semble, mérité à son auteur que les historiens de la science voulussent bien ne pas oublier de lui en faire honneur. Warltire se trompait sur la nature intime des changements que l'électricité devait engendrer. Heureusement pour lui il prévit qu'une explosion les accompagnerait. C'est par ce motif qu'il fit d'abord l'expérience avec un vase métallique dans lequel il avait renfermé de l'air et de l'hydrogène.

Cavendish répéta bientôt l'expérience de Warltire. La *date certaine* de son travail (j'appelle ainsi toute date résultant d'un dépôt authentique, d'une lecture académique ou d'une pièce imprimée) est antérieure au mois d'avril 1783, puisque Priestley cite les observations de Cavendish dans un Mémoire du 21 de ce même mois. La citation, au surplus, ne nous apprend qu'une seule chose, c'est que Cavendish avait obtenu *de l'eau* par la détonation d'un mélange d'oxygène et d'hydrogène, résultat déjà constaté par Warltire.

Dans son Mémoire du mois d'avril, Priestley ajouta une circonstance capitale à celles qui résultaient des expériences de ses prédécesseurs ; il prouva que le poids de l'eau qui se dépose sur les parois du vase au moment de la détonation de l'oxygène et de l'hydrogène est la somme des poids de ces deux gaz.

Watt, à qui Priestley communiqua cet important résultat, y vit aussitôt, avec la pénétration d'un homme supérieur, la preuve que l'eau n'est pas un corps simple.

« Quels sont les produits de votre expérience ? écrivit-il à son illustre ami : de l'*eau*, de la *lumière*, de la *chaleur*. Ne sommes-nous pas, dès lors, autorisés à en conclure que l'eau est un composé des deux gaz oxygène et hydrogène, privés d'une partie de leur chaleur latente ou élémentaire ; que l'oxygène est de l'eau privée de son hydrogène, mais unie à de la chaleur et à de la lumière latente ?

Si la lumière n'est qu'une modification de la chaleur, ou une simple circonstance de sa manifestation, ou une partie composante de l'hydrogène, le gaz oxygène sera de l'eau privée de son hydrogène mais unie à de la chaleur latente. »

Ce passage si clair, si net, si méthodique, est tiré d'une lettre de Watt du 26 avril 1783. La lettre fut communiquée par Priestley à divers savants de Londres, et remise aussitôt après à sir Joseph Banks, président de la Société royale, pour être lue dans une des séances de ce corps savant. Des circonstances que je supprime, parce qu'elles sont sans intérêt dans la discussion actuelle, retardèrent cette lecture d'un an ; mais la lettre resta aux archives de la Société. Elle figure dans le soixante-quatorzième volume des *Transactions philosophiques*, avec sa véritable date du 26 avril 1783. On l'y trouve fondue dans une lettre de Watt à Deluc, en date du 26 novembre 1783 et distinguée par des guillemets renversés, apposés par le secrétaire de la Société royale.

Je ne réclame pas d'indulgence pour cette profusion de détails ; on remarquera que la comparaison minutieuse des dates peut seule mettre la vérité dans tout son jour, et qu'il est question d'une des découvertes qui honorent le plus l'esprit humain.

Parmi les prétendants à cette féconde découverte, nous allons maintenant voir paraître les deux plus grands chimistes dont la France et l'Angleterre se glorifient. Tout le monde a déjà nommé Lavoisier et Cavendish.

La date de la lecture publique du Mémoire dans lequel Lavoisier rendit compte de ses expériences, dans lequel il développa ses vues sur la production de l'eau par la combustion de l'oxygène et de l'hydrogène, est postérieure de deux mois à celle du dépôt aux archives de la Société royale de Londres de la lettre déjà analysée de Watt.

Le Mémoire célèbre de Cavendish, intitulé : *Experiments on air*, est plus récent encore ; il fut lu le 15 janvier 1784. On s'étonnerait avec raison que des faits aussi authentiques eussent pu devenir le sujet d'une polémique animée, si je ne m'empressais de signaler à votre attention une circonstance dont je n'ai pas encore parlé. Lavoisier déclara, en termes positifs, que Blagden, secrétaire de la Société royale de Londres, assista à ses premières expériences du 24 juin 1783, et « qu'il lui apprit que Cavendish ayant déjà essayé, à Londres, de brûler du gaz hydrogène dans des vaisseaux fermés, avait obtenu une quantité d'eau très-sensible. »

Cavendish rappela aussi dans son Mémoire la communication faite à Lavoisier par Blagden. Suivant lui, elle fut plus étendue que le chimiste français ne l'avouait. Il dit que la confidence embrassa les conclusions auxquelles

les expériences conduisaient, c'est-à-dire la théorie de la composition de l'eau.

Blagden, mis en cause lui-même, écrivit dans le journal de Crell, en 1780, pour confirmer l'assertion de Cavendish.

À l'en croire, les expériences de l'académicien de Paris n'auraient même été qu'une simple vérification de celles du chimiste anglais. Il assure avoir annoncé à Lavoisier, que l'eau engendrée à Londres avait un poids précisément égal à la somme des poids des deux gaz brûlés. Lavoisier, ajoute enfin Blagden, a *dit la vérité, mais pas toute la vérité.*

Un pareil reproche est sévère ; mais, fût-il fondé, n'en atténuerai-je pas beaucoup la gravité, si je montre que, Watt excepté tous ceux dont les noms figurent dans cette histoire s'y étaient plus ou moins exposés ?

Priestley rapporte en détail, et comme siennes, des expériences d'où il résulte que l'eau engendrée par la détonation d'un mélange d'oxygène et d'hydrogène, a un poids exactement égal à celui des deux gaz brûlés. Cavendish, quelque temps après, réclame ce résultat pour lui-même, et insinue qu'il l'avait communiqué verbalement au chimiste de Birmingham.

Cavendish tire de cette égalité de poids la conséquence que l'eau n'est pas un corps simple. D'abord, il ne fait aucune mention d'un Mémoire déposé aux archives de la Société royale, et dans lequel Watt développait la même théorie. Il est vrai qu'au jour de l'impression le nom de Watt n'est pas oublié ; mais ce n'est pas aux archives qu'on a pu voir le travail du célèbre ingénieur : on déclare en avoir eu connaissance par une lecture récente, faite en séance publique. Aujourd'hui, cependant, il est parfaitement constaté que cette lecture a suivi de plusieurs mois celle du Mémoire où Cavendish en parle.

En arrivant sur le terrain de cette grave discussion, Blagden annonce la ferme volonté de tout éclaircir, de tout préciser. Il ne recule, en effet, devant aucune accusation, devant la citation d'aucune date, tant qu'il est question d'assurer à son protecteur et ami, Cavendish, la priorité sur le chimiste français. Dès qu'il s'agit de ses deux compatriotes, les explications deviennent vagues et obscures, « Dans le printemps de 1783, dit-il, M. Cavendish nous montra qu'il avait dû tirer de ses expériences la conséquence que l'oxygène n'est autre chose que de l'eau privée de son phlogistique (c'est-à-dire privée de l'hydrogène). *Vers le même temps*, la nouvelle arriva à Londres que M. Watt, de Birmingham, avait été conduit par quelques observations à une opinion semblable. » Ces expressions : *Vers le même temps*, pour parler comme Blagden lui-même, ne sauraient être *toute la vérité. Vers le même temps ne décide rien :* des questions de priorité peuvent tenir à des semaines, à des jours, à des heures, à des minutes. Pour être net et précis, comme on l'avait promis, il fallait dire si la communication verbale, faite par Cavendish à plusieurs membres de la Société royale, précéda ou suivit l'arrivée à Londres des nouvelles du travail de Watt. Peut-on supposer que Blagden ne se serait pas expliqué sur un fait de cette importance, s'il avait pu citer une date authentique en faveur de son ami ?

Pour rendre l'*imbroglio* complet, les protes, les compositeurs, les imprimeurs des *Transactions philosophiques* se mirent aussi de la partie. Plusieurs dates y sont inexactement rapportées. Sur les exemplaires séparés de son Mémoire que Cavendish distribua à divers savants, j'aperçois une erreur d'une année entière. Par une triste fatalité, car c'est un malheur réel de donner lieu involontairement à des soupçons fâcheux et immérités, aucune de ces nombreuses fautes d'impression n'était favorable à Watt ! À Dieu ne plaise que j'entende inculper par ces remarques la probité littéraire des savants illustres dont j'ai cité les noms : elles prouvent seulement qu'en matière de découvertes, la plus stricte justice est tout ce qu'on doit attendre d'un rival, d'un compétiteur, quelque éminente que soit déjà sa réputation. Cavendish écoutait à peine les gens d'affaires, quand ils allaient le consulter sur le placement de ses 25 ou 30 millions ; vous savez maintenant s'il avait la même indifférence pour des expériences. On se montrerait donc peu exigeant en demandant, qu'à l'exemple des juges civils, les historiens de la science n'accueillissent jamais comme titres de propriété valables, que des titres écrits ; peut-être devrais-je même ajouter, que des titres publiés. Alors, mais seulement alors, finiraient ces querelles, sans cesse renaissantes, dont les vanités nationales font ordinairement les frais ; alors le nom de Watt reprendrait dans l'histoire de la chimie la place élevée qui lui appartient.

La solution d'une question de priorité, quand elle se fonde, comme celle que je viens de lire, sur l'examen le plus attentif de Mémoires imprimés et sur la comparaison minutieuse de dates, prend le caractère d'une véritable démonstration. Toutefois, je ne me crois pas dispensé de parcourir rapidement diverses difficultés auxquelles de très-bons esprits m'ont paru attacher quelque importance.

Comment admettre, m'a-t-on dit, qu'au milieu d'un immense tourbillon d'affaires commerciales, que préoccupé d'une multitude de procès, qu'obligé de pourvoir, par des inventions de tous les jours, aux difficultés d'une fabrication naissante, Watt ait trouvé le temps de suivre pas à pas les progrès de la chimie, de faire de nouvelles expériences, de proposer des explications dont les maîtres de la science eux-mêmes ne se seraient pas avisés ?

Je ferai à cette difficulté une réponse courte, mais concluante : j'ai dans les mains la copie d'une active correspondance, relative principalement à des sujets de chimie, que Watt entretint, à dater de 1782, de 1783 et de 1784, avec Priestley, Black, Deluc, l'ingénieur Smeaton, Gilbert Hamilton (de Glasgow), et Fry (de Bristol).

Voici une objection qui semble plus spécieuse ; elle est née d'une connaissance approfondie du cœur humain.

La découverte de la composition de l'eau, marchant au moins de pair avec les admirables inventions dont la machine à vapeur offre la réunion, peut-on supposer que Watt ait consenti de gaieté de cœur, ou du moins sans en témoigner son déplaisir, à se voir dépouillé de l'honneur qu'elle devait éternellement faire rejaillir sur son nom ?

Ce raisonnement a le défaut de pécher complètement par sa base. Watt ne renonça jamais à la part qui lui revenait légitimement dans la découverte de la composition de l'eau. Il fit scrupuleusement imprimer son Mémoire dans les *Transactions philosophiques*. Une note détaillée constata authentiquement la date de la présentation des divers paragraphes de cet écrit. Que pouvait, que devait faire de plus un philosophe du caractère de Watt, si ce n'était d'attendre patiemment le jour de la justice ? Au reste, il s'en fallut de bien peu qu'une maladresse de Deluc n'arrachât notre confrère à sa longanimité naturelle. Le physicien genevois, après avoir averti l'illustre ingénieur de l'inexplicable absence de son nom dans la première rédaction du Mémoire de Cavendish, après avoir qualifié cet oubli dans des termes que de si hautes renommées ne me permettent pas de rapporter, écrivait à son ami : « Je vous conseillerai presque, attendu votre position, de tirer de vos découvertes des conséquences pratiques pour votre fortune. Il vous faut éviter de vous faire des jaloux. »

Ces quelques mots blessèrent l'âme élevée de Watt. « Si je ne réclame pas mes droits sur-le-champ, répondit-il, imputez-le à une indolence de caractère qui me fait trouver plus aisé de supporter l'injustice, que de combattre pour en obtenir le redressement. Quant à des considérations d'intérêt pécuniaire, elles n'ont à mes yeux aucune valeur. Au surplus, mon avenir dépend des encouragements que le public voudra bien m'accorder, mais nullement de ceux de M. Cavendish et de ses amis. »

Dois-je craindre d'avoir attaché trop d'importance à la théorie que Watt imagina pour expliquer les expériences de Priestley ? Je ne le pense pas. Ceux qui refuseraient un juste suffrage à cette théorie, parce qu'elle semble maintenant une conséquence inévitable des faits, oublieraient que les plus belles découvertes de l'esprit humain ont été surtout remarquables par leur simplicité. Que fit Newton, lui-même, lorsque répétant une expérience déjà connue quinze siècles auparavant, il découvrit la lumière blanche ? Il donna de cette expérience une interprétation tellement naturelle, qu'il paraît impossible aujourd'hui d'en trouver une autre. « Tout ce qu'on tire, dit-il, à l'aide de quelque procédé que ce soit, d'un faisceau de lumière blanche, y était contenu à l'état de mélange. Le prisme de verre n'a aucune faculté créatrice. Si le faisceau parallèle et infiniment délié de lumière solaire qui tombe sur sa première face, sort par la seconde en divergeant et avec une largeur sensible, c'est que le verre sépare ce qui, dans le faisceau blanc, était, par sa nature, inégalement rénfrangible. » Ces paroles ne sont pas autre chose que la traduction littérale de l'expérience connue du spectre solaire prismatique. Cette traduction avait cependant échappé à un Aristote, à un Descartes, à un Robert Hooke !

Venons, sans sortir du sujet, à des arguments qui iront au but plus directement encore. La théorie, conçue par Watt, de la composition de l'eau arrive à Londres. Si, dans les idées du temps, elle est aussi simple, aussi évidente qu'elle nous le paraît aujourd'hui, le conseil de la Société royale ne manquera pas de l'adopter. Il n'en est rien : son *étrangeté* fait même douter de la vérité des expériences de Priestley. On va jusqu'à en *rire*, dit Deluc, *comme de l'explication de la dent d'or*.

Une théorie dont la conception n'eût présenté aucune difficulté aurait été certainement dédaignée par Cavendish. Rappelez-vous avec quelle vivacité, sous l'inspiration de cet homme de génie, Blagden en réclama la priorité contre Lavoisier.

Priestley, sur qui devait rejaillir une bonne part de l'honneur attaché à la découverte de Watt, Priestley, dont les sentiments affectueux pour le célèbre ingénieur ne pourraient être contestés, lui écrivait, à la date du 29 avril 1783 : « Regardez avec surprise et indignation la figure d'un appareil à l'aide duquel j'ai *miné sans retour votre belle hypothèse.* »

En résumé, une hypothèse dont on riait à la Société royale ; qui faisait sortir Cavendish de sa réserve habituelle ; que Priestley, mettant tout amour-propre de côté, s'attachait à ruiner, mérite d'être enregistrée dans l'histoire des sciences comme une grande découverte, quelque idée que des connaissances devenues vulgaires puissent nous en donner aujourd'hui[2].

Le blanchissage à l'aide du chlore, cette belle invention de Berthollet, fut introduit en Angleterre par James Watt, après le voyage qu'il fit à Paris vers la fin de l'année 1786. Il construisit tous les appareils nécessaires, dirigea leur installation, présida aux premières épreuves et, ensuite, confia à M. Mac-Gregor, son beau-père, l'exploitation de la nouvelle industrie. Malgré toutes les sollicitations de l'illustre ingénieur, notre célèbre compatriote *avait obstinément refusé*[3] de s'associer à une entreprise qui n'offrait aucune chance défavorable et dont les bénéfices semblaient devoir être fort grands.

À peine venait-on de découvrir, pendant la seconde moitié du siècle dernier, les nombreuses substances gazeuses qui jouent aujourd'hui un si grand rôle dans l'explication des phénomènes chimiques, qu'on songea à les utiliser comme médicaments. Le docteur Beddoës poursuivit cette idée avec sagacité et persévérance. Des souscriptions particulières lui permirent même de créer à Clifton, près de Bristol, sous le nom de *Pneumatic Institution,* un établissement où les propriétés thérapeutiques de tous les gaz devaient être soigneusement étudiées. L'*Institution Pneumatique* eut l'avantage d'avoir quelque temps à sa tête le jeune Humphry Davy, qui débutait alors dans la carrière des sciences. Elle put aussi se glorifier de compter James Watt parmi ses fondateurs. Le célèbre ingénieur fit plus : il imagina, décrivit et exécuta dans les ateliers de Soho les appareils qui servaient à engendrer les gaz et à les administrer aux patients. Je trouve plusieurs éditions de ses Mémoires, qui traitent de ces questions, aux dates de 1794, de 1795 et de 1796.

Les idées de notre confrère s'étaient tournées de ce côté, lorsque plusieurs de ses proches et de ses amis lui furent cruellement enlevés avant l'âge, par des maladies de poitrine. C'étaient surtout les lésions des organes de la respiration qui paraissaient à Watt pouvoir être traitées à l'aide des propriétés spécifiques des nouveaux gaz. Il attendait aussi quelque avantage de l'action du fer ou du zinc que l'hydrogène entraîne en molécules impalpables, quand il est préparé de certaines manières. J'ajouterai enfin que, parmi les nombreuses notes de médecins publiées par le docteur Beddoës, et annonçant des résultats plus ou moins décisifs, il en est une, signée John Carmichael, relative à la guérison radicale de l'hémoptysie d'un domestique, Richard Newberry, à qui Watt faisait lui-même respirer de temps à autre un mélange de vapeur d'eau et d'acide carbonique. Quoique je reconnaisse sans difficulté ma profonde incompétence en pareille matière, ne me sera-t-il pas permis de regretter qu'une méthode qui compta parmi ses adhérents des Watt, des Jenner, soit aujourd'hui entièrement abandonnée, sans qu'on puisse citer des expériences suivies, en opposition manifeste avec celles du *Pneumatic Institution* de Clifton[4].

1. ↑ Je lis dans un ouvrage de M. Robert Stuart, que sir Hugh Platte avait entrevu avant le colonel Cooke la possibilité d'appliquer la vapeur au chauffage des appartements. Dans le *Garden of Eden* de cet auteur, publié en 1660, il est question, en effet, de quelque chose d'analogue pour conserver pendant l'hiver les plantes des serres. Sir Hugh Platte

propose de placer des couvercles d'étain, ou de tout autre métal, sur les vases où les viandes cuisent et d'adapter ensuite à des ouvertures de ces couvercles, des tuyaux par lesquels la vapeur échauffante peut être conduite partout où on le désire.

2. ↑ Lord Brougham assistait à la séance publique où je payai, au nom de l'Académie des sciences, ce tribut de reconnaissance et d'admiration à la mémoire de Watt.

De retour en Angleterre, il recueillit de précieux documents et étudia de nouveau la question historique à laquelle je viens de donner tant de place, avec la supériorité de vues qui lui est familière, avec le scrupule, en quelque sorte judiciaire, qu'on pouvait attendre de l'ancien lord chancelier de la Grande-Bretagne. Je dois à une bienveillance dont je sens tout le prix, de pouvoir offrir au public le fruit encore inédit du travail de mon illustre confrère. On le trouvera à la suite de cet Éloge.

3. ↑ Le terme est exact, quelque fabuleux qu'il puisse paraître dans le siècle où nous vivons.

4. ↑ Vingt ans avant la naissance de l'institution pneumatique de Bristol, Watt appliquait déjà ses connaissances chimiques et minéralogiques au perfectionnement des produits d'une poterie qu'il avait établie à Glasgow avec quelques amis, et dont il resta actionnaire jusqu'à la fin de sa vie

Watt avait épousé, en 1764 sa cousine mademoiselle Miller. C'était une personne accomplie, dont l'esprit distingué, la douceur inaltérable, le caractère enjoué, arrachèrent bientôt le célèbre ingénieur à l'indolence, au découragement, à la misanthropie qu'une maladie nerveuse et l'injustice des hommes menaçaient de rendre fatale. Sans mademoiselle Miller, Watt n'aurait peut-être jamais livré au public ses belles inventions. Quatre enfants, deux garçons et deux filles, sortirent de cette union. Madame Watt mourut en couche d'un troisième garçon, qui ne vécut pas. Son mari était alors occupé, dans le nord de l'Écosse, des plans du canal Calédonien. Que ne m'est-il permis de transcrire ici avec leur naïveté quelques lignes du journal dans lequel il déposait chaque jour ses pensées les plus intimes, ses craintes, ses espérances ! que ne puis-je vous le montrer s'arrêtant, après son malheur, sur le seuil de la porte de la maison où ne l'attendait plus *sa douce bienvenue* (my kind welcomer) ; n'ayant pas la force de pénétrer dans des appartements où il ne devait plus trouver le *comfort de sa vie* (the comfort of my life) ! Peut-être la peinture si vraie d'une douleur profonde réduirait-elle enfin au silence les esprits systématiques qui, sans s'arrêter à mille et mille démentis éclatants, refusent les qualités du cœur à tout homme dont l'intelligence s'est nourrie des vérités fécondes, sublimes, impérissables, des sciences exactes.

Après quelques années de veuvage, Watt eut encore le bonheur de trouver dans mademoiselle Mac-Gregor, une compagne digne de lui par la variété des talents, par la sûreté de jugement, par la force de caractère[1].

À l'expiration du privilége que le parlement lui avait conféré, Watt (au commencement de 1800) se retira entièrement des affaires. Ses deux fils lui succédèrent. Sous la direction éclairée de M. Boulton fils et des jeunes MM. Watt, la fabrique de Soho continua à prospérer et prit même de nouveaux, d'importants développements. Aujourd'hui encore, elle occupe le premier rang parmi les établissements anglais destinés à la construction des grandes machines. Le second des deux fils de notre confrère, Gregory Watt, avait débuté dans le monde de la manière la plus brillante, par des compositions littéraires et des travaux de géologie. Il mourut en 1804 à vingt-sept ans, d'une maladie de poitrine. Cet événement cruel atterra l'illustre ingénieur. Les soins touchants de sa famille, de ses amis, parvinrent très-difficilement à entretenir quelque calme dans un cœur à demi brisé. Cette trop juste douleur a paru pouvoir expliquer le silence presque absolu que Watt a gardé pendant les dernières années de sa vie. Je suis loin de nier qu'elle ait été sans influence ; mais qu'est-il besoin de recourir à des causes extraordinaires, lorsque nous lisons déjà, à la date de 1783, dans une lettre de Watt à son ami le docteur Black : « Rappelez-vous bien que je n'ai aucun désir d'entretenir le public des expériences que j'ai faites » ; lorsque nous trouvons ailleurs ces paroles bien singulières dans la bouche d'un homme qui a rempli le monde de son nom : « Je ne connais que deux plaisirs, la paresse et le sommeil. » Ce sommeil, au reste, était bien léger. Disons-le aussi, il suffisait de la moindre excitation pour arracher Watt à sa paresse favorite. Tous les objets qui s'offraient à lui recevaient peu à peu, dans son imagination, des changements de forme, de construction, de nature, qui les auraient rendus susceptibles d'applications importantes. Ces conceptions, faute d'occasion de se produire, étaient perdues pour le monde. Voici une anecdote qui expliquera ma pensée.

Une compagnie avait établi à Glasgow, sur la rive droite de la Clyde, de grands bâtiments et de puissantes machines destinées à porter de l'eau dans toutes les maisons de la ville. Quand ce travail fut achevé, on s'aperçut qu'il existait près de la rive opposée une source, ou plutôt une espèce de filtre naturel qui donnait à l'eau des qualités évidemment supérieures. Déplacer l'établissement n'était pas même proposable ; aussi pensa-t-on à installer au fond et tout au travers de la rivière, un tuyau de conduite rigide dont l'embouchure se serait constamment trouvée dans la nappe d'eau potable ; mais la construction du plancher destiné à supporter un pareil tuyau sur un lit vaseux, changeant, très-inégal et toujours couvert de plusieurs mètres d'eau, semblait devoir exiger de trop fortes dépenses. Watt fut consulté. Sa solution était toute prête : en voyant un homard sur sa table, quelques jours auparavant, il avait cherché et trouvé comment la mécanique pourrait, avec du fer, engendrer une pièce à articulations qui aurait toute la mobilité de la queue du crustacé ; c'est donc un tuyau de conduite articulé, susceptible de se plier de lui-même à toutes les inflexions présentes et futures du lit de la rivière qu'il proposa ; c'est une queue de homard en fer, de soixante centimètres de diamètre et de plus de trois cents mètres de longueur, que, d'après les plans et les dessins de Watt, la compagnie de Glasgow fit exécuter avec un succès complet.

Ceux qui eurent le bonheur de connaître personnellement notre confrère, n'hésitent pas à déclarer que chez lui les qualités du cœur étaient encore au-dessus des mérites du savant. Une candeur enfantine, la plus grande simplicité de manières, l'amour de la justice poussé jusqu'au scrupule, une inépuisable bienveillance, voilà ce qui a laissé en Écosse, en Angleterre, des souvenirs ineffaçables. Watt, d'habitude si modéré, si doux, se crispait quand devant lui une invention n'était pas attribuée à son véritable auteur ; lorsque, surtout, quelque bas adulateur voulait l'enrichir lui-même aux dépens d'autrui. À ses yeux, les découvertes scientifiques étaient le premier des biens. Des heures entières de discussion ne lui semblaient pas de trop, s'il fallait faire rendre justice à des inventeurs modestes dépossédés par des plagiaires, ou seulement oubliés d'un public ingrat.

La mémoire de Watt pouvait être citée comme prodigieuse, même à côté de tout ce qu'on a raconté de cette faculté chez quelques hommes privilégiés. L'étendue était cependant son moindre mérite : elle s'assimilait tout ce qui avait quelque valeur ; elle rejetait sans retour, presque instinctivement, les superfluités qu'il eût été inutile de conserver.

La variété de connaissances de notre confrère serait vraiment incroyable, si elle n'était attestée par plusieurs hommes éminents. Lord Jeffrey, dans une éloquente Notice, caractérisa heureusement l'intelligence à la fois forte et subtile de son ami, quand il la compara à la trompe, si merveilleusement organisée, dont l'éléphant se sert avec une égale facilité pour une paille et pour déraciner un chêne.

Voici en quels termes sir Walter Scott parle de son compatriote, dans la préface du *Monastère :*

« Watt n'était pas seulement le savant le plus profond ; celui qui avec le plus de succès avait tiré de certaines combinaisons de nombres et de forces des applications usuelles ; il n'occupait pas seulement un des premiers rangs parmi ceux qui se font remarquer par la généralité de leur instruction ; il était encore le meilleur, le plus aimable des hommes. La seule fois que je l'aie rencontré, il était entouré d'une petite réunion de littérateurs du Nord… Là, je vis et j'entendis ce que je ne verrai et n'entendrai plus jamais. Dans la quatre-vingt-unième année de son âge, le vieillard, alerte, aimable, bienveillant, prenait un vif intérêt à toutes les questions ; sa science était à la disposition de qui la réclamait. Il répandait les trésors de ses talents et de son imagination sur tous les sujets. Parmi les *gentlemen* se trouva un profond philologue ; Watt discuta avec lui sur l'origine de l'alphabet, comme s'il avait été le contemporain de Cadmus. Un célèbre critique s'étant mis de la partie, vous eussiez dit que le vieillard avait consacré sa vie tout entière à l'étude des belles-lettres et de l'économie politique. Il serait superflu de mentionner les sciences : c'était sa *carrière* brillante et spéciale ; cependant, quand il parla avec notre compatriote Jedediah Cleishbotham, vous auriez juré qu'il avait été le contemporain de Claverhouse et de Burley, des persécuteurs et des persécutés ; il aurait fait, en vérité, le dénombrement exact des coups de fusil que les dragons tirèrent sur les Covenants fugitifs. Nous découvrîmes, enfin, qu'aucun roman du plus léger renom ne lui avait échappé, et que la passion de l'illustre savant pour ce genre d'ouvrages était aussi vive que celle qu'ils inspirent aux jeunes modistes de dix-huit ans. »

Si notre confrère l'eût voulu, il se serait fait un nom parmi les romanciers. Au milieu de sa société intime, il manquait rarement d'enchérir sur les anecdotes terribles, touchantes ou bouffonnes qu'il entendait conter. Les détails minutieux de ses récits, les noms propres dont il les parsemait ; les descriptions techniques des châteaux, des maisons de campagne, des forêts, des cavernes où la scène était successivement transportée, donnaient à ces improvisations un si grand air de vérité, qu'on se serait reproché le plus léger sentiment de défiance. Certain jour, cependant, Watt éprouvait de l'embarras à tirer ses personnages du dédale dans lequel il les avait imprudemment jetés. Un de ses amis s'en aperçut au nombre inusité de prises de tabac à l'aide desquelles le conteur voulait légitimer de fréquentes pauses et se donner le temps de la réflexion. Aussi lui adressa-t-il cette question indiscrète : « Est-ce, par hasard, que vous nous raconteriez une histoire de votre cru ? – Ce doute m'étonne, repartit naïvement le vieillard : depuis vingt ans que j'ai le bonheur de passer mes soirées avec vous, je ne fais pas autre chose ! Est-il vraiment possible qu'on ait voulu faire de moi un émule de Robertson ou de Hume, lorsque toutes mes prétentions se bornaient à marcher, de bien loin, sur les traces de la princesse Scheherazade des *Mille et une Nuits ?* »

Chaque année, durant un très-court voyage à Londres ou dans d'autres villes moins éloignées de Birmingham, Watt faisait un examen détaillé de tout ce qui avait paru de neuf depuis sa précédente visite. Je n'en excepte même pas le spectacle des puces travailleuses et celui des marionnettes, car l'illustre ingénieur y assistait avec l'abandon et la joie d'un écolier. En suivant, encore aujourd'hui, l'itinéraire de ces courses annuelles, nous trouverions en plus d'un endroit des traces lumineuses du passage de Watt. À Manchester, par exemple, nous verrions le bélier servant, d'après la proposition de notre confrère, à élever l'eau de condensation d'une machine à vapeur, jusqu'au réservoir alimentaire de la chaudière.

Watt résidait ordinairement dans une terre voisine de Soho, nommée Heathfield, dont il avait fait l'acquisition vers 1790. Le respect religieux de mon ami, M. James Watt, pour tout ce qui rappelle la mémoire de son père, m'a valu, en 1834, la satisfaction de retrouver la bibliothèque et les meubles de Heathfield, dans l'état où l'illustre ingénieur les laissa. Une autre propriété bordant les rives pittoresques de la rivière Wye (pays de Galles), offre aux voyageurs des preuves multipliées du goût éclairé de Watt et de son fils, pour l'amélioration des routes, pour les plantations, pour les travaux agricoles de toute nature.

La santé de Watt s'était fortifiée avec l'âge. Ses facultés intellectuelles conservèrent toute leur puissance jusqu'au dernier moment. Notre confrère crut une fois qu'elles déclinaient, et, fidèle à la pensée qu'exprimait le cachet dont il avait fait choix (un œil entouré du mot *observare*), il se décida à éclaircir ses doutes en s'observant lui-même ; et le voilà, plus que septuagénaire, cherchant sur quel genre d'étude il pourrait s'essayer, et se désolant de ne trouver aucun sujet vierge pour son esprit. Il se rappelle, enfin, qu'il existe une langue anglo-saxonne, que cette langue est difficile, et l'anglo-saxon devient le moyen expérimental désiré, et la facilité qu'il trouve à s'en rendre maître lui montre le peu de fondement de ses appréhensions.

Watt consacra les derniers moments de sa vie à la construction d'une machine destinée à copier promptement et avec une fidélité mathématique les pièces de statuaire et de sculpture de toutes dimensions. Cette machine, dont il faut espérer que les arts ne seront pas privés, doit être fort avancée. On voit plusieurs de ses produits, déjà fort satisfaisants, dans divers cabinets d'amateurs de l'Écosse et de l'Angleterre. L'illustre ingénieur les avait présentés gaiement, comme les premiers essais d'un jeune artiste entrant dans la quatre-vingt-troisième année de son âge.

Cette quatre-vingt-troisième année, il ne fut pas donné à notre confrère d'en voir la fin. Dès les premiers jours de l'été de 1819, des symptômes alarmants défièrent tous les efforts de la médecine. Watt lui-même ne se fit pas illusion. « Je suis touché, disait-il aux nombreux amis qui le visitaient, je suis touché de l'attachement que vous me montrez. Je me hâte de vous en remercier, car me voilà, parvenu à ma dernière maladie. » Son fils ne lui paraissait pas assez résigné ; chaque jour il cherchait un nouveau prétexte pour lui signaler avec douceur, avec bonté, avec tendresse, « tous les motifs de consolation que lui apporteraient les circonstances dans lesquelles allait arriver un événement inévitable. » Ce triste événement arriva, en effet, le 25 août 1819.

Watt fut enterré à côté de l'église paroissiale de Heathfield, près de Birmingham, dans le comté de Stafford. M. James Watt, dont les talents distingués, dont les nobles sentiments embellirent pendant près de vingt-cinq ans la vie de son père, lui a fait ériger un splendide monument gothique, qui rend aujourd'hui l'église de Handsworth extrêmement remarquable. Au centre s'élève une admirable statue en marbre, exécutée par M. Chantrey, et qui est la reproduction fidèle des nobles traits du vieillard.

Une seconde statue en marbre, sortie des ateliers du même sculpteur, a été placée aussi par la piété filiale dans l'une des salles de la brillante université où, pendant sa jeunesse, l'artiste, encore inconnu et en butte aux tracasseries des corporations, reçut des encouragements si flatteurs et si mérités. Greenock n'a pas oublié que Watt y naquit. Ses habitants font exécuter, à leurs frais, une statue en marbre de l'illustre mécanicien. On la placera dans une belle bibliothèque, construite sur un terrain donné gratuitement par sir Michel Shaw Stewart, et où seront aussi réunis les livres que la ville possédait, et la collection d'ouvrages de sciences dont Watt l'avait dotée de son vivant. Ce bâtiment a déjà coûté 3,500 livres sterling (plus de 87,000 fr. de notre monnaie), dépense considérable, à laquelle la libéralité de M. Watt fils a pourvu. Une grande statue colossale en bronze, qui domine, sur une belle base de granit, un des angles de George square, à Glasgow, montre à tous les yeux combien cette capitale de l'industrie écossaise est fière d'avoir été le berceau des découvertes de Watt. Les portes de l'abbaye de Westminster, enfin, se sont ouvertes à la voix d'une imposante réunion de souscripteurs : une statue colossale de notre confrère, en marbre de Carrare, chef-d'œuvre de M. Chantrey, et dont le piédestal porte une inscription de lord Brougham, est devenue, depuis quelques années, l'un des principaux ornements du Panthéon anglais. Sans doute, il y a eu quelque coquetterie à réunir les noms illustres de Watt, de Chantrey et de Brougham sur le même monument ; mais je ne saurais trouver là le sujet d'un blâme : gloire aux peuples qui saisissent ainsi toutes les occasions d'honorer leurs grands hommes !

L'inscription mise sur le piédestal de la statue de notre confrère, par lord Brougham, nous a paru devoir figurer dignement dans ces pages consacrées à la mémoire d'un des plus grands génies qui aient illustré les sciences et l'industrie ; nous la reproduisons donc littéralement en la faisant suivre de sa traduction :

Not to perpetuate a name
which must endure while the peaceful arts flourish
But to shew
that mankind have learnt to honour those
who best deserve their gratitude
the King
hit minsters and many of the Nobles
and Commoners of the Realm
raised this monument to
JAMES WATT
who directing the force of an original genius
early exercised in philosophic research
to the improvement of
the Steam Engine
enlarged the ressources of is country
increased the power of man

and rose to an eminent plate
among the most illustrious followers of science
and the real benefactores of the world
Born al Greenock MDCCXXXVI
Died al Heathfield in Staffordshire MDCCCXIX

Ce n'est pas pour perpétuer un nom
qui doit durer tant que les arts de la paix fleuriront,
mais afin de montrer
que les hommes ont appris à honorer ceux
qui sont les plus dignes de leur gratitude.
Le Roi,
les ministres, beaucoup de nobles
et d'autres citoyens du royaume,
ont élevé ce monument à
JAMES WATT,
lequel, appliquant la force d'un génie original,
exercé de bonne heure dans les recherches
scientifiques,
au perfectionnement de
la machine à vapeur,

agrandit les ressources de son pays,

accrut la puissance de l'homme,
s'éleva à une place éminente
parmi les savants les plus illustres
et les bienfaiteurs du monde.
Né à Greenock 1736,
Mort à Heathfield dans le Staffordshire 1819.

Voilà, de compte fait, cinq grandes statues élevées en peu de temps à la mémoire de Watt. Faut-il l'avouer ? Ces hommages de la piété filiale, de la reconnaissance publique, ont excité la mauvaise humeur de quelques esprits rétrécis qui, en restant stationnaires, croient arrêter la marche des siècles. À les en croire, des hommes de guerre, des magistrats, des ministres (je dois avouer qu'ils n'ont pas osé dire tous les ministres), auraient droit à des statues. Je ne sais si Homère, si Aristote, si Descartes, si Newton, paraîtraient à nos nouveaux Aristarques dignes d'un simple buste ; à coup sûr ils refuseraient le plus modeste médaillon aux Papin, aux Vaucanson, aux Watt, aux Arkwright et à d'autres mécaniciens, inconnus peut-être dans un certain monde, mais dont la renommée ira grandissant d'âge en âge avec les progrès des lumières. Lorsque de semblables hérésies osent se produire au grand jour, il ne faut pas dédaigner de les combattre. Ce n'est point sans raison qu'on a appelé le public une éponge à préjugés ; or, les préjugés sont comme les plantes nuisibles : le plus petit effort suffit pour les extirper si on les saisit à leur naissance ; ils résistent, au contraire, quand on leur a laissé le temps de croître, de s'étendre, de saisir dans leurs nombreux replis tout ce qui se trouvait à leur portée.

Si cette discussion blesse quelques amours-propres, je remarquerai qu'elle a été provoquée. Les hommes d'étude de notre époque avaient-ils jusqu'ici fait entendre des plaintes en ne voyant aucun des grands auteurs dunt ils cultivent l'héritage, figurer dans ces longues rangées de statues colossales que l'autorité élève fastueusement sur nos ponts, sur nos places publiques ? Ne savent-ils pas que ces monuments sont fragiles ; que les ouragans les ébranlent et les renversent ; que les gelées suffisent pour en ronger les contours, pour les réduire à des blocs informes ?

Leur statuaire, leur peinture à eux, c'est l'imprimerie. Grâce à cette admirable invention, quand les ouvrages que la science ou que l'imagination enfantent ont un mérite réel, ils peuvent défier le temps et les révolutions politiques. Les exigences du fisc, les inquiétudes, les terreurs des despotes, ne sauraient empêcher ces productions de franchir les frontières les mieux gardées. Mille navires les transportent, sous tous les formats, d'un hémisphère à l'autre. On les médite à la fois en Islande et à la terre de Van-Diemen ; on les lit à la veillée de l'humble chaumière, on les lit aux brillantes réunions des palais. L'écrivain, l'artiste, l'ingénieur, sont connus, sont appréciés du monde entier, par ce qu'il y a dans l'homme de plus noble, de plus élevé : par l'âme, par la pensée, par l'intelligence. Bien fou celui qui, placé sur un pareil théâtre, se surprendrait à désirer que ses traits, reproduits en marbre ou en bronze, même par le ciseau d'un David, fussent un jour exposés aux regards des promeneurs désœuvrés. De tels honneurs, je le répète, un savant, un littérateur, un artiste, peuvent ne pas les envier, mais ils ne doivent souffrir à aucun prix qu'on les en déclare indignes. Telle est, du moins, la pensée qui m'a suggéré la discussion que je vais soumettre à vos lumières.

N'est-ce pas une circonstance vraiment étrange qu'on se soit avisé de soulever les prétentions orgueilleuses que je combats, précisément à l'occasion de cinq statues qui n'ont pas coûté une seule obole au trésor public ? Loin de moi, cependant, le projet de profiter de cette maladresse. J'aime mieux prendre la question dans sa généralité, telle qu'on l'a posée : la prétendue prééminence des armes sur les lettres, sur les sciences, sur les arts ; car, il ne faut pas s'y tromper, si l'on a associé des magistrats, des administrateurs aux hommes de guerre, c'est seulement comme un passe-port.

Le peu de temps qu'il m'est permis de consacrer à cette discussion m'impose le devoir d'être méthodique. Pour qu'on ne puisse pas se méprendre sur mes sentiments, je déclare d'abord bien haut que l'indépendance, que les libertés nationales sont à mes yeux les premiers des biens ; que les défendre contre l'étranger ou contre les ennemis intérieurs est le premier des devoirs ; que les avoir défendues au prix de son sang est le premier des titres à la reconnaissance publique. Élevez, élevez de splendides monuments à la mémoire des soldats qui succombèrent sur les glorieux remparts de Mayence, dans les champs immortels de Zurich, de Marengo, et certes mon offrande ne se fera pas attendre ; mais n'exigez pas que je fasse violence à ma raison, aux sentiments que la nature a jetés dans le cœur humain ; n'espérez pas que je consente jamais à placer tous les services militaires sur une même ligne.

Quel Français, homme de cœur, même au temps de Louis XIV, aurait voulu aller chercher un exemple de courage, soit dans les cruelles scènes des Dragonnades, soit dans les tourbillons de flamme qui dévoraient les villes, les villages, les riches campagnes du Palatinat ?

Naguère, après mille prodiges de patience, d'habileté, de bravoure, nos vaillants soldats pénétrant dans Saragosse à moitié renversée, atteignirent la porte d'une église où le prédicateur faisait retentir aux oreilles de la foule résignée ces magnifiques paroles « Espagnols, je vais célébrer vos funérailles ! » Que sais-je ? mais, en ce moment, les vrais amis de notre gloire nationale balançant les mérites divers des vainqueurs et des vaincus, auraient peut-être volontiers interverti les rôles !

Mettez, j'y consens, entièrement de côté la question de moralité. Soumettez au creuset d'une critique consciencieuse les titres personnels de certains gagneurs de batailles, et croyez que, si vous faites une part équitable au hasard, espèce d'allié dont on fait toujours abstraction parce qu'il est muet, bien de prétendus héros vous paraîtront peu dignes de ce titre pompeux.

Si on le trouvait nécessaire, je ne reculerais pas devant un examen de détail, moi, cependant, qui, dans une carrière purement académique, ai dû trouver peu d'occasions de recueillir des documents précis sur un pareil sujet. Je pourrais, par exemple, citer dans nos propres annales une bataille moderne, une bataille gagnée, dont la relation officielle rend compte comme d'un événement prévu, préparé avec le calme, avec l'habileté la plus consommée, et qui, en réalité, se donna par l'élan spontané des soldats, sans aucun ordre du général en chef auquel l'honneur en est revenu, sans qu'il y fût, sans qu'il le sût.

Pour échapper au reproche banal d'incompétence, j'appellerai quelques hommes de guerre eux-mêmes au secours de la thèse philosophique que je soutiens. On verra combien ils furent appréciateurs enthousiastes, éclairés des travaux intellectuels ; on verra que jamais, dans leur sentiment intime, les œuvres de l'esprit n'occupèrent le second rang. Obligé de me restreindre, j'essaierai de suppléer au nombre et à la nouveauté par l'éclat de la renommée : je citerai Alexandre, Pompée, César, Napoléon !

L'admiration du conquérant macédonien pour Homère est historique. Aristote, sur sa demande, prit le soin de revoir le texte de l'Iliade. Cet exemplaire corrigé devint son livre chéri, et lorsque, au centre de l'Asie, parmi les dépouilles de Darius, un magnifique coffret enrichi d'or, de perles et de pierreries, paraissait exciter la convoitise de ses premiers lieutenants : « Qu'on me le réserve, s'écria le vainqueur d'Arbelles ; j'y enfermerai mon Homère. C'est le meilleur et le plus fidèle conseiller que j'aie en mes affaires militaires. Il est juste, d'ailleurs, que la plus riche production des arts serve à conserver l'ouvrage le plus précieux de l'esprit humain. »

Le sac de Thèbes avait déjà montré, plus clairement encore, le respect et l'admiration sans bornes d'Alexandre pour les lettres. Une seule famille de cette ville populeuse échappa à la mort et à l'esclavage : ce fut la famille de

Pindare. Une seule maison resta debout au milieu des ruines des temples, des palais et des habitations particulières ; ce fut la maison où Pindare naquit et non pas celle d'Épaminondas !

Lorsque, après avoir terminé la guerre contre Mithridate, Pompée alla rendre visite au célèbre philosophe Posidonius, il défendit aux licteurs de frapper à la porte avec leurs baguettes, comme c'était l'usage. Ainsi, dit Pline, s'abaissèrent en face de l'humble demeure d'un savant les faisceaux de celui qui avait vu l'Orient et l'Occident prosternés devant lui !

César, que les lettres pourraient aussi revendiquer, laisse apercevoir clairement en vingt endroits des immortels Commentaires, quel ordre occupaient dans sa propre estime les divers genres de facultés dont la nature l'avait si libéralement doté. Comme il est bref, comme il est rapide, quand il raconte des combats, des batailles ! Voyez, au contraire, s'il croit aucun détail superflu dans la description du pont improvisé sur lequel son armée traversa le Rhin. C'est qu'ici le succès dépendait uniquement de la conception, et que la conception lui appartenait tout entière. On l'a déjà remarqué aussi, la part que César s'attribue de préférence dans les événements de guerre, celle dont il semble le plus fier est une influence morale. *César harangua son armée*, est presque toujours la première phrase de la description des batailles gagnées, *César n'était pas arrivé assez tôt pour parler à ses soldats, pour les exhorter à se bien conduire*, est l'accompagnement habituel du récit d'une surprise ou d'une déroute momentanée. Le général prend constamment à tâche de s'effacer devant l'orateur, et *de vray*, dit le judicieux Montaigne, *sa langue lui a faict en plusieurs lieux de bien notables services !*

Maintenant, sans transition, sans même insister sur cette exclamation connue du grand Frédéric : « *J'aimerais mieux avoir écrit le Siècle de Louis XIV de Voltaire, qu'avoir gagné cent batailles,* » j'arrive à Napoléon. Comme il faut se hâter, je ne rappellerai ni les proclamations célèbres, écrites à l'ombre des pyramides égyptiennes par *le membre de l'Institut*, général en chef de l'armée de l'Orient ; ni les traités de paix où des monuments d'art et de science étaient le prix de la rançon des peuples vaincus ; ni la profonde estime que le général, devenu empereur, ne cessa d'accorder aux Lagrange, aux Laplace, aux Monge, aux Berthollet ; ni les richesses, ni les honneurs dont il les combla. Une anecdocte peu connue ira plus directement à mon but.

Tout le monde se rappelle les prix décennaux. Les quatre classes de l'Institut avaient tracé des analyses rapides des progrès des sciences, des lettres, des arts. Les présidents et les secrétaires devaient être successivement appelés à les lire à Napoléon, devant les grands dignitaires de l'empire et le conseil d'État.

Le 27 février 1808, le tour de l'Académie française arrive. Comme on peut le deviner, l'assemblée ce jour-là est plus nombreuse encore que d'habitude : qui ne se croit juge très-compétent en matière de goût ? Chénier porte la parole.

On l'écoute avec un religieux silence, mais tout à coup l'Empereur l'interrompt, et la main sur le cœur, le corps penché, la voix altérée par une émotion visible : « C'est trop, c'est trop, Messieurs, s'écria-t-il, vous me comblez ; les termes me manquent pour vous témoigner ma reconnaissance ! »

Je laisse à deviner la profonde surprise de tant de courtisans témoins de cette scène, eux qui d'adulation en adulation étaient arrivés à dire à leur maître, et sans qu'il en parût étonné : « Quand Dieu eut créé Napoléon, il sentit le besoin de se reposer ! »

Mais quelles étaient enfin les paroles qui allèrent si juste, si directement au cœur de Napoléon ? Ces paroles, les voici :

« Dans les camps où, loin des calamités de l'intérieur, la gloire nationale se conservait inaltérable, naquit une autre éloquence, inconnue jusqu'alors aux peuples modernes. Il faut même en convenir : quand nous lisons dans les écrivains de l'antiquité les harangues des plus renommés capitaines, nous sommes tentés souvent de n'y admirer que le génie des historiens. Ici le doute est impossible ; les monuments existent : l'histoire n'a plus qu'à les rassembler. Elles partirent de l'armée d'Italie, ces belles proclamations où le vainqueur de Lodi et d'Arcole en même temps qu'il créait un nouvel art de la guerre, créa l'éloquence militaire dont il restera le modèle. »

Le 28 février, le lendemain de la célèbre séance dont je viens de tracer le récit, le *Moniteur*, avec sa *fidélité reconnue*, publia une réponse de l'empereur au discours de Chénier. Elle était froide, compassée, insignifiante ; elle avait enfin tous les caractères, d'autres diraient toutes les qualités d'un document officiel. Quant à l'incident que j'ai rappelé, il n'en était fait aucune mention ; concession misérable aux opinions dominantes, à des susceptibilités d'état-major ! Le maître du monde, pour me servir de l'expression de Pline, cédant un moment à sa pensée intime, n'en avait pas moins incliné ses faisceaux devant le titre littéraire qu'une académie lui décernait.

Ces réflexions sur le mérite comparatif des hommes d'étude et des hommes d'épée, quoiqu'elles m'aient été principalement suggérées par ce qui se dit, par ce qui se passe sous nos yeux, ne seraient pas sans application dans la patrie de Watt. Je parcourais naguère l'Angleterre et l'Écosse. La bienveillance dont j'étais l'objet, autorisait de ma part jusqu'à ces questions sèches, incisives, directes, que, dans toute autre circonstance, aurait pu seulement se permettre un président de commission d'enquête. Déjà vivement préoccupé de l'obligation où je serais à mon retour, de porter un jugement sur l'illustre mécanicien ; déjà fort inquiet de tout ce qu'a de solennel la réunion devant laquelle je parle, j'avais préparé cette demande : « Que pensez-vous de l'influence que Watt a exercée sur la richesse, sur la puissance, sur la prospérité de l'Angleterre ? » Je n'exagère pas en disant que j'ai adressé ma question à plus de cent personnes appartenant à toutes les classes de la société, à toutes les nuances d'opinions politiques, depuis les radicaux les plus vifs jusqu'aux conservateurs les plus obstinés. La réponse a été constamment la même : chacun plaçait les services de notre confrère au-dessus de toute comparaison ; chacun, au surplus, me citait les discours prononcés dans le *meeting* où la statue de Westminster fut votée, comme l'expression fidèle et unanime des sentiments de la nation anglaise. Ces discours, que disent-ils ?

Lord Liverpool, premier ministre de la couronne, appelle Watt « un des hommes les plus extraordinaires auxquels l'Angleterre ait donné naissance, un des plus grands bienfaiteurs du genre humain. » Il déclare que « ses inventions ont augmenté d'une manière incalculable les ressources de son pays et même celles du monde entier. » Envisageant ensuite la question du côté politique : « J'ai vécu dans un temps, ajoute-t-il où le succès d'une guerre dépendait de la possibilité de pousser, sans retard, nos escadres hors des ports ; des vents contraires régnaient pendant des mois entiers, et anéantissaient de fond en comble les vues du gouvernement. Grâce à la machine à vapeur, de semblables difficultés ont à jamais disparu. »

« Portez, portez vos regards, » s'écrie sir Humphry Davy, « sur la métropole de ce puissant empire, sur nos villes, sur nos villages, sur nos arsenaux, sur nos manufactures ; examinez les cavités souterraines et les travaux exécutés à la surface du globe ; contemplez nos rivières, nos canaux, les mers qui baignent nos côtes ; partout vous trouverez l'empreinte des bienfaits éternels de ce grand homme. »

« Le génie que Watt a déployé dans ses admirables inventions, » dit encore l'illustre président de la Société royale, « a plus contribué à montrer l'utilité pratique des sciences, à agrandir la puissance de l'homme sur le monde matériel, à multiplier et à répandre les commodités de la vie, que les travaux d'aucun personnage des temps modernes. » Davy n'hésite pas enfin à placer Watt au-dessus d'Archimède !

Huskisson, ministre du commerce, se dépouillant un moment de la qualité d'Anglais, proclame qu'envisagées dans leurs rapports avec le bonheur de l'espèce humaine tout entière, les inventions de Watt lui paraîtraient encore mériter *la plus haute admiration*. Il explique de quelle manière l'économie du travail, la multiplication indéfinie et le bon marché des produits industriels, contribuent à exciter et à répandre les lumières, « La machine à vapeur, dit-il, n'est donc pas seulement, dans les mains des hommes, l'instrument le plus puissant dont ils fassent usage pour changer la face du monde physique ; elle agit encore comme un levier moral, irrésistible, en poussant en avant la grande cause de la civilisation. »

De ce point de vue, Watt lui apparaît dans un rang distingué parmi les premiers bienfaiteurs de l'humanité. Comme Anglais, il n'hésite pas à dire que, sans les créations de Watt, la nation britannique n'aurait pas pu suffire aux immenses dépenses de ses dernières guerres contre la France.

La même idée se retrouve dans le discours d'un autre membre du parlement, dans celui de sir James Mackintosh. Voyez si elle y est exprimée en termes moins positifs :

« Ce sont les inventions de Watt qui ont permis à l'Angleterre de soutenir le plus rude, le plus dangereux conflit dans lequel elle ait jamais été engagée. » Tout considéré, Mackintosh déclare, sans hésiter, « qu'aucun personnage n'a eu de droits plus évidents que Watt aux hommages de son pays, à la vénération, au respect des générations futures. »

Voici des évaluations numériques, des chiffres, plus éloquents encore, ce me semble, que les divers passages dont je viens de donner lecture :

Boulton fils annonce qu'à la date de 1819, la seule manufacture de Soho avait déjà fabriqué des machines de Watt dont le travail habituel aurait exigé cent mille chevaux : que l'économie résultant de la substitution de ces machines à la force des animaux montait annuellement à 75 millions de francs. Pour l'Angleterre et l'Écosse, à la même date, le nombre des machines dépassait dix mille. Elles faisaient le travail de cinq cents mille chevaux ou de trois ou quatre millions d'hommes, avec une économie annuelle de 3 ou 4 cents millions de francs. Ces résultats aujourd'hui devraient être plus que doublés.

Voilà, en abrégé, ce que pensaient, ce que disaient de Watt les ministres, les hommes d'État, les savants, les industriels les plus capables de l'apprécier. Messieurs, ce créateur de six à huit millions de travailleurs, de travailleurs infatigables et assidus, parmi lesquels l'autorité n'aura jamais à réprimer ni coalition, ni émeute, de travailleurs à 5 centimes la journée ; cet homme qui, par de brillantes inventions, donna à l'Angleterre les moyens de soutenir une lutte acharnée pendant laquelle sa nationalité même fut mise en question, ce nouvel Archimède, ce bienfaiteur de l'humanité tout entière, dont les générations futures béniront éternellement la mémoire, qu'avait-on fait pour l'honorer de son vivant ?

La pairie est, en Angleterre, la première des dignités, la première des récompenses. Vous devez naturellement supposer que Watt a été nommé pair.

On n'y a pas même pensé !

S'il faut parler net, tant pis pour la pairie que le nom de Watt eût honorée ! Un pareil oubli cependant, chez une nation aussi justement fière de ses grands hommes, avait droit de m'étonner. Quand j'en cherchais la cause, savez-vous ce qu'on me répondait ? « Ces dignités dont vous parlez sont réservées aux officiers de terre et de mer, aux orateurs influents de la chambre des communes, aux membres de la noblesse. *Ce n'est pas la mode* (je n'invente pas, je cite exactement), ce n'est pas la mode de les accorder à des savants, à des littérateurs, à des artistes, à des ingénieurs ! » Je savais bien que ce n'était pas la mode sous la reine Anne, puisque Newton n'a pas été pair d'Angleterre. Mais, après un siècle et demi de progrès dans les sciences, dans la philosophie ; lorsque chacun de nous, pendant la courte durée de sa vie, a vu tant de rois errants, délaissés, proscrits, remplacés sur leurs trônes par des soldats sans généalogie et fils de leur épée, ne m'était-il pas permis de croire qu'on avait renoncé à parquer les hommes ; qu'on n'oserait plus du moins leur dire en face, comme le code inflexible des Pharaons : Quels que soient vos services, vos vertus, votre savoir, aucun de vous ne franchira les limites de sa caste ; qu'une mode insensée enfin, puisque mode il y a, ne déparerait plus les institutions d'un grand peuple !

Comptons sur l'avenir. Un temps viendra où la science de la destruction s'inclinera devant les arts de la paix ; où le génie qui multiplie nos forces, qui crée de nouveaux produits, qui fait descendre l'aisance au milieu des masses, occupera dans l'estime générale des hommes la place que la raison, que le bon sens lui assignent dès aujourd'hui.

Alors Watt comparaîtra devant le grand jury des populations des deux mondes. Chacun le verra, aidé de sa machine à vapeur, pénétrer en quelques semaines dans les entrailles de la terre, à des profondeurs où, avant lui, on ne serait arrivé qu'après un siècle des plus pénibles travaux ; il y creusera de spacieuses galeries et les débarrassera, en quelques minutes, des immenses volumes d'eau qui les inondaient chaque jour ; il arrachera à un sol vierge les inépuisables richesses minérales que la nature y a déposées.

Joignant la délicatesse à la puissance, Watt tordra avec un égal succès les immenses torons du câble colossal sur lequel se cramponne le vaisseau de ligne au milieu des mers courroucées, et les filaments microscopiques de ces tulles, de ces dentelles aériennes qui occupent toujours une si large place dans les parures variées qu'enfante la mode.

Quelques oscillations de la même machine rendront à la culture de vastes marécages ; des contrées fertiles seront ainsi soustraites à l'action périodique et mortelle des miasmes qu'y développait la chaleur brûlante du soleil d'été.

Les grandes forces mécaniques qu'il fallait aller chercher dans les régions montagneuses, au pied des rapides cascades, grâce à la découverte de Watt, naîtront à volonté, sans gêne et sans encombrement, au milieu des villes, à tous les étages des maisons.

L'intensité de ces forces variera au gré du mécanicien ; elle ne dépendra pas, comme jadis, de la plus inconstante des causes naturelles : des météores atmosphériques.

Les diverses branches de chaque fabrication pourront être réunies dans une enceinte commune, sous un même toit.

Les produits industriels, en se perfectionnant, diminueront de prix.

La population, bien nourrie, bien vêtue, bien chauffée, augmentera avec rapidité ; elle ira couvrir d'élégantes habitations toutes les parties du territoire, celles même qu'on eût pu justement appeler les steppes d'Europe, et qu'une aridité séculaire semblait condamner à rester le domaine exclusif des bêtes fauves.

En peu d'années, des hameaux deviendront d'importantes cités ; en peu d'années, des bourgs, tels que Birmingham, où l'on comptait à peine une trentaine de rues, prendront place parmi les villes les plus vastes, les plus belles, les plus riches d'un puissant royaume.

Installée sur les navires, la machine à vapeur remplacera au centuple les efforts des triples, des quadruples rangs de rameurs, à qui nos pères, cependant, demandaient un travail rangé parmi les châtiments des plus grands criminels.

À l'aide de quelques kilogrammes de charbon, l'homme vaincra les éléments ; il se jouera du calme, des vents contraires, des tempêtes.

Les traversées deviendront beaucoup plus rapides ; le moment de l'arrivée des paquebots pourra être prévu comme celui des voitures publiques ; vous n'irez plus sur le rivage, pendant des semaines, pendant des mois entiers, le cœur en proie à de cruelles angoisses, chercher d'un œil inquiet, aux limites de l'horizon, les traces incertaines du navire qui doit vous rendre un père, une mère, un frère, un ami.

La machine à vapeur, enfin, traînant à sa suite des milliers de voyageurs, courra, sur les chemins de fer, beaucoup plus vite que sur l'hippodrome le meilleur cheval de race chargé seulement de son svelte jockey.

Voilà, Messieurs, l'esquisse fort abrégée des bienfaits qu'a légués au monde la machine dont Papin avait déposé le germe dans ses ouvrages, et qu'après tant d'ingénieux efforts Watt a portée à une admirable perfection. La postérité ne les mettra certainement pas en balance avec des travaux, beaucoup trop vantés, et dont l'influence réelle, au tribunal de la raison, restera toujours circonscrite dans le cercle de quelques individus et d'un petit nombre d'années.

On disait, jadis, le siècle d'Auguste, le siècle de Louis XIV. Des esprits éminents ont déjà soutenu qu'il serait juste de dire le siècle de Voltaire, de Rousseau, de Montesquieu. Suivant moi, je n'hésite pas à l'annoncer, lorsqu'aux immenses services déjà rendus par la machine à vapeur se seront ajoutées toutes les merveilles qu'elle nous promet encore, les populations reconnaissantes parleront aussi des siècles de Papin et de Watt !

1. ↑ Madame Watt (Mac-Gregor) s'éteignit en 1832, dans un âge très-avancé. Elle avait eu la douleur de survivre aux deux enfants qui étaient issus de son mariage avec M. Watt.

Une biographie de Watt, destinée à faire partie de notre collection de mémoires, serait certainement incomplète si l'on n'y trouvait pas la liste des titres académiques dont l'illustre ingénieur fut revêtu. Cette liste, au surplus, occupera bien peu de lignes.

Watt devint :

Membre de la Société royale d'Édimbourg en 1784 ;

Membre de la Société royale de Londres en 1785 ;

Membre de la Société Batave en 1787 ;

Correspondant de l'Institut en 1808.

En 1814, l'Académie des sciences de l'Institut fit à Watt le plus grand honneur qui soit dans ses attributions : elle le nomma *un de ses huit* associés étrangers.

Par un vote spontané et unanime, le sénat de l'Université de Glasgow décerna à Watt, en 1806, le degré honoraire de docteur en droit.

TRADUCTION D'UNE NOTE HISTORIQUE
DE LORD BROUGHAM
SUR LA DÉCOUVERTE DE LA COMPOSITION DE L'EAU.

Il n'y a aucun doute qu'en Angleterre, du moins, les recherches relatives à la composition de l'eau ont eu pour origine les expériences de Warltire relatées dans le 5ᵉ volume de Priestley[1]. Cavendish les cite expressément comme lui ayant donné l'idée de son travail (*Trans. philos.*, 1784, p. 126). Les expériences de Warltire consistaient dans l'inflammation, à l'aide de l'étincelle électrique et en vases clos, d'un mélange d'oxygène et d'hydrogène. Deux choses, disait-on, en résultaient : 1° une perte sensible de poids ; 2° la précipitation de quelque humidité sur les parois des vases.

Watt dit, par inadvertance, dans la note de la page 332 de son Mémoire (*Trans. philos.*, 1784), que la précipitation aqueuse fut observée, pour la première fois, par Cavendish ; mais Cavendish, lui-même, déclare, p. 127, que Warltire avait aperçu le léger dépôt aqueux, et cite, à ce sujet, le 5ᵉ volume de Priestley. Cavendish ne put constater aucune perte de poids. Il remarque que les essais de Priestley *l'avaient conduit au même résultat*[2], et ajoute que l'humidité déposée ne contient aucune impureté (littéralement, aucune parcelle de suie ou de matière noire, *any sooty matter*). Après un grand nombre d'essais,

Cavendish reconnut que si on allume un mélange d'air commun et d'air inflammable, formé de 1000 mesures du premier et de 423 du second, « un cinquième environ de l'air commun et à peu près la totalité de l'air inflammable perdent leur élasticité, et *forment en se condensant* la rosée qui couvre le verre… En examinant la rosée, Cavendish trouva que cette rosée est de l'eau pure… Il en conclut que presque tout l'air inflammable et environ un sixième de l'air commun deviennent de l'eau pure (*are turned into pure Water*). »

Cavendish brûla de la même manière un mélange d'air inflammable et d'air déphlogistiqué (d'hydrogène et d'oxygène) ; le liquide précipité fut toujours plus ou moins acide, suivant que le gaz brûlé avec l'air inflammable contenait plus ou moins de phlogistique. Cet acide engendré était de l'acide nitrique.

M. Cavendish établit que « presque la totalité de l'air inflammable et de l'air déphlogistiqué *est convertie en eau pure* ; » et encore, « que si ces airs pouvaient être obtenus dans un état complet de pureté, la totalité serait *condensée*. » Si l'air commun et l'air inflammable ne donnent pas d'acide quand on les brûle, c'est, suivant l'auteur, parce qu'alors la chaleur n'est pas intense.

Cavendish déclare que ses expériences, à l'exception de ce qui est relatif à l'acide furent faites dans l'été de 1781, et que Priestley en eut connaissance. Il ajoute : « Un de mes amis en dit quelque chose (*gave some account*) à Lavoisier, le printemps dernier (le printemps de 1783), aussi bien que de la conclusion que j'en avais tirée, savoir, que l'air déphlogistiqué est de l'eau privée de phlogistique. Mais, à cette époque, Lavoisier était tellement éloigné de penser qu'une semblable opinion fut légitime, que jusqu'au moment où il se décida à répéter lui-même les expériences, il trouvait quelque difficulté à croire que la presque totalité des deux airs pût être convertie en eau. »

L'ami cité dans le passage précédent était le docteur, devenu ensuite sir Charles Blagden. C'est une circonstance remarquable que ce passage du travail de Cavendish semble n'avoir pas fait partie du Mémoire original présenté à la Société royale. Le Mémoire paraît écrit de la main de l'auteur lui-même ; mais les paragraphes 134 et 135 n'y étaient pas primitivement ; ils sont ajoutés avec une indication de la place qu'ils doivent occuper ; l'écriture n'est plus celle de Cavendish ; ces additions sont de la main de Blagden. Celui-ci dut donner tous les détails relatifs à Lavoisier, avec lequel on ne dit pas que Cavendish entretint quelque correspondance directe.

La date de la lecture du Mémoire de Cavendish est le 15 janvier 1784. Le volume des *Transactions philosophiques*, dont ce Mémoire fait partie, ne parut qu'environ six mois après.

Le Mémoire de Lavoisier (volume de l'Académie des sciences pour 1781) avait été lu en novembre et décembre 1783. On y fit ensuite diverses additions. La publication eut lieu en 1784.

Ce Mémoire contenait la relation des expériences du mois de juin 1783, auxquelles Lavoisier annonce que Blagden fut présent. Lavoisier ajoute que ce phycisien anglais lui apprit « que déjà Cavendish ayant brûlé de l'air inflammable en vases clos, avait obtenu une quantité d'eau très-sensible ; » mais il ne dit nulle part que Blagden fit mention de conclusions tirées par Cavendish de ces mêmes expériences.

Lavoisier déclare, de la manière la plus expresse, que le poids de l'eau est égal à celui des deux gaz brûlés, à moins que, contrairement à sa propre opinion, on n'attribue un poids sensible à la chaleur et à la lumière qui se dégagent dans l'expérience.

Ce récit est en désaccord avec celui de Blagden, qui, suivant toute probabilité, fut écrit comme une réfutation du récit de Lavoisier, après la lecture du Mémoire de Cavendish et lorsque le volume de l'Académie des sciences n'était pas encore parvenu en Angleterre. Ce volume parut en 1784, et, certainement, il n'avait pu arriver à Londres ni lorsque Cavendish lut son travail à la Société royale, ni à plus forte raison quand il le rédigea. On doit, en outre, remarquer que, dans le passage du manuscrit du Mémoire de Cavendish, écrit de la main de Blagden, il n'est question que d'une seule communication des expériences : d'une communication à Priestley. Les expériences, y est-il dit, sont de 1781 ; mais on ne rapporte aucunement la date de la communication. On ne nous apprend pas davantage si les conclusions tirées de ces expériences, et qui, d'après

Blagden, furent communiquées par lui à Lavoisier pendant l'été de 1783, étaient également comprises dans la communication faite à Priestley. Ce chimiste, dans son Mémoire rédigé avant le mois d'avril 1783, lu en juin de la même année, et cité par Cavendish, ne dit rien de la théorie de ce dernier, quoiqu'il cite ses expériences.

Plusieurs propositions découlent de ce qui précède :

1º Cavendish, dans le Mémoire qui fut lu à la Société royale le 15 janvier 1784, décrit l'expérience capitale de l'inflammation de l'oxygène et de l'hydrogène en vaisseaux clos, et cite l'eau comme produit de cette combustion ;

2º Dans le même Mémoire, Cavendish tire de ses expériences la conséquence que les deux gaz mentionnés se transforment en eau ;

3º Dans une addition de Blagden, faite avec le consentement de Cavendish, on donne aux expériences de ce dernier la date de l'été de 1781 ; on cite une communication à Priestley, sans en préciser l'époque, sans parler de conclusions, sans même dire quand ces conclusions se présentèrent à l'esprit de Cavendish. Ceci doit être regardé comme une très-grosse omission (*a most material omission*) ;

4º Dans une des additions faites au Mémoire par Blagden, la conclusion de Cavendish est rapportée en ces termes : Le gaz oxygène est de l'eau privée de phlogistique. Cette addition est postérieure à l'arrivée du Mémoire de Lavoisier en Angleterre.

On peut observer de plus que dans une autre addition au Mémoire de Cavendish, écrite de la main de ce chimiste, et qui est certainement postérieure à l'arrivée en Angleterre du Mémoire de Lavoisier, Cavendish établit distinctement pour la première fois, comme dans l'hypothèse de Lavoisier, que l'eau est un composé d'oxygène et d'hydrogène. Peut-être ne trouvera-t-on pas une différence essentielle entre cette conclusion et celle à laquelle Cavendish s'était d'abord arrêté, que le gaz oxygène est de l'eau privée de phlogistique, car il suffira, pour les rendre identiques, de considérer le phlogistique comme de l'hydrogène ; mais dire de l'eau qu'elle se compose d'oxygène et d'hydrogène, c'est, certainement, s'arrêter à une conclusion plus nette et moins équivoque. J'ajoute que dans la partie originale de son Mémoire, dans celle qui fut lue à la Société royale avant l'arrivée du Mémoire de Lavoisier en Angleterre, Cavendish trouve plus juste de considérer l'air inflammable « comme de l'eau phlogisliquée que comme du phlogistique pur » (p. 140).

Voyons maintenant quelle a été la part de Watt. Les dates joueront ici un rôle essentiel.

Il paraît que Watt écrivit au docteur Priestley, le 26 avril 1783, une lettre dans laquelle il dissertait sur l'expérience de l'inflammation des deux gaz en vaisseaux clos, et qu'il y arrivait à la conclusion que « l'eau est composée d'air déphlogistiqué et de phlogistique, privés l'un et l'autre d'une partie de leur chaleur latente. »[3]

Priestley déposa la lettre dans les mains de sir Joseph Banks, avec la prière d'en faire donner lecture à une des plus prochaines séances de la Société royale. Mais Watt désira ensuite qu'on différât cette lecture, afin de se donner le temps de voir comment sa théorie s'accorderait avec des expériences récentes de Priestley. En définitive, la lettre ne fut lue qu'en avril 1784[4] Cette lettre, Watt la fondit dans un Mémoire adressé à Deluc, en date du 20 novembre 1783[5] Beaucoup de nouvelles observations, de nouveaux raisonnements, figuraient dans le Mémoire ; mais la presque totalité de la lettre originale y était conservée, et dans l'impression on la distingua des additions par des guillemets retournés. Dans la partie ainsi guillemetée se trouve l'importante conclusion citée ci-dessus. On lit aussi que la lettre fut communiquée à plusieurs membres de la Société royale, lorsqu'en avril 1783 elle parvint au docteur Priestley.

Dans le Mémoire de Cavendish tel qu'il fut d'abord lu, il n'y avait aucune allusion à la théorie de Watt ; mais une addition, postérieure à la lecture des lettres de ce dernier et écrite en entier de la main de Cavendish, mentionne cette théorie (*Trans. philos.*, 1784, p. 140). Cavendish expose dans cette addition les raisons qu'il croit avoir pour ne pas compliquer ses conclusions, comme Watt le faisait, de considérations relatives au dégagement de chaleur latente ; mais elle laisse dans le doute sur la question de savoir si l'auteur eut jamais connaissance de la lettre à Priestley d'avril 1783, ou s'il vit seulement la lettre datée du 26 novembre 1783 et lue le 29 avril 1784 ; sur quoi il importe de remarquer que les deux lettres parurent dans les *Transactions philosophiques* réunies en une seule. La lettre à Priestley du 26 avril 1783 resta quelque temps (deux mois d'après le Mémoire de Watt) dans les mains de sir Joseph Banks et d'autres membres de la Société royale, pendant le printemps de 1783. C'est ce qui résulte des circonstances que relate la note de la page 330. Il semble difficile de supposer que Blagden, secrétaire de la Société, ne vit pas le Mémoire. Sir Joseph Banks dut le lui remettre, puisqu'il l'avait destiné à être lu en séance (*Trans. philos.*, 1784, p. 330, note). Ajoutons que puisque la lettre a été conservée aux archives de la Société royale, elle était sous la garde de Blagden, secrétaire. Serait-il possible de supposer que la personne dont la main écrivit le remarquable passage, déjà cité, relatif à une communication, faite à Lavoisier en juin 1783, des conclusions de Cavendish, n'aurait pas dit au même Cavendish que Watt était arrivé à ces conclusions au plus tard en avril 1783 ? Les conclusions sont identiques, avec la simple différence que Cavendish appelle air déphlogistiqué de l'eau privée de son phlogistique, et que Watt dit que l'eau est un composé d'air déphlogistiqué et de phlogistique.

Nous devons remarquer qu'il y a dans la théorie de Watt la même incertitude, le même vague que nous avons déjà trouvé dans celle de Cavendish, et qu'elle provient aussi de l'emploi du terme, non exactement défini, de phlogistique[6]. Chez Cavendish, on ne saurait décider si le phlogistique est tout simplement de l'air inflammable, ou si ce chimiste n'est pas plutôt enclin à considérer comme air inflammable une combinaison d'eau et de phlogistique. Watt dit expressément, même dans son Mémoire du 26 novembre 1783, et dans un passage qui ne fait pas partie de la lettre d'avril 1783, que l'air inflammable, suivant ses idées, contient une petite quantité d'eau et beaucoup de chaleur élémentaire.

Ces expressions, de la part de deux hommes aussi éminents, doivent être regardées comme la marque d'une certaine hésitation, touchant la composition de l'eau. Si Watt et Cavendish avaient eu l'idée précise que l'eau résulte de la réunion des deux gaz privés de leur chaleur latente, de la réunion des bases de l'air inflammable et de l'air déphlogistiqué ; si cette conception avait eu dans leur esprit autant de netteté que dans celui de Lavoisier, ils auraient certainement évité l'incertitude et l'obscurité que j'ai signalées[7].

En ce qui concerne Watt, voici les nouveaux faits que nous venons d'établir :

1° Il n'y a point de preuves que personne ait donné, avant Watt, et dans un document écrit, la théorie actuelle de la composition de l'eau.

2° Cette théorie, Watt l'établit pendant l'année 1783 en termes plus distincts que ne le fit Cavendish dans son Mémoire lu à la Société royale en janvier 1784. En faisant entrer le dégagement de chaleur latente en ligne de compte, Watt ajouta notablement à la clarté de sa conception.

3º Il n'y a aucune preuve, il n'y a même aucune assertion de laquelle il résulte que la théorie de Cavendish (Blagden l'appelle la *conclusion*) ait été communiquée à Priestley avant l'époque où Watt consigna ses idées dans la lettre du 26 avril 1783 ; à plus forte raison, rien ne peut faire supposer, surtout quand on a lu la lettre de Watt, que cet ingénieur ait jamais appris quelque chose de relatif à la composition de l'eau, soit de Priestley, soit de toute autre personne.

4º La théorie de Watt était connue des membres de la Société royale, plusieurs mois avant que les conclusions de Cavendish eussent été confiées au papier ; huit mois avant la présentation du Mémoire de ce chimiste à la même Société. Nous pouvons aller plus loin et déduire, des faits et des dates sous nos yeux, que Watt parla le premier de la composition de l'eau ; que, si quelqu'un le précéda, il n'en existe aucune preuve.

5º Enfin, une répugnance à abandonner la doctrine du phlogistique, une sorte de timidité à se séparer d'une opinion depuis si longtemps établie, si profondément enracinée, empêcha Watt et Cavendish de rendre complète justice à leur propre théorie[8], tandis que Lavoisier, qui avait rompu ces entraves, présenta le premier la nouvelle doctrine dans toute sa perfection.

Il serait très-possible que, sans rien savoir de leurs travaux respectifs, Watt, Cavendish, Lavoisier eussent, à peu près en même temps, fait le grand pas de conclure de l'expérience que l'eau est le produit de la combinaison des deux gaz si souvent cités. Telle est, en effet, avec plus ou moins de netteté, la conclusion que les trois savants présentèrent. Reste maintenant la déclaration de Blagden, d'après laquelle Lavoisier aurait eu communication de la théorie de Cavendish, même avant d'avoir fait son expérience capitale. Cette déclaration, Blagden l'inséra dans le Mémoire même de Cavendish[9] ; elle parut dans les Transactions philosophiques, et il ne semble pas que Lavoisier l'ait jamais contredite, quelque inconciliable qu'elle fût avec son propre récit.

Malgré toute la susceptibilité jalouse de Blagden en faveur de la priorité de Cavendish, il n'y a pas eu de sa part une seule allusion de laquelle on puisse induire qu'avant de publier sa théorie, Watt avait entendu parler de celle de son compétiteur.

Naus ne serons pas aussi affirmatif, relativement à la question de savoir si Cavendish avait quelque connaissance du travail de Watt avant de rédiger les conclusions de son propre Mémoire. Pour soutenir que Cavendish n'ignorait pas les conclusions de Watt, on pourrait remarquer combien il serait improbable que Blagden et d'autres, de qui ces conclusions étaient connues, ne lui en eussent jamais parlé. On pourrait encore dire que Blagden, même dans les parties du Mémoire écrites de sa main et destinées à réclamer la priorité en faveur de Cavendish contre Lavoisier, n'affirme nulle part que la théorie de Cavendish fût conçue avant le mois d'avril 1783, quoique, dans une autre addition au Mémoire original de son ami, il y ait une citation relative à la théorie de Watt.

Puisque la question de savoir à quelle époque Cavendish tira des conclusions de ses expériences est enveloppée dans une grande obscurité, il ne sera pas sans utilité de rechercher qu'elles étaient les habitudes de ce chimiste quand il communiquait ses découvertes à la Société royale.

Un comité de cette Société, auquel Gilpin était associé, fit une série d'expériences sur la formation de l'acide nitrique. Ce comité, placé sous la direction de Cavendish, se proposait de convaincre ceux qui doutaient de la composition de l'acide en question, indiquée incidentellement dans le Mémoire de janvier 1784, et ensuite plus au long dans un Mémoire de juin 1785. Les expériences furent exécutées du 6 décembre 1787 au 19 mars 1788. La date de la lecture du Mémoire de Cavendish est le 17 avril 1788. La lecture et l'impression du Mémoire suivirent donc, à moins d'un mois de distance, l'achèvement des expériences.

Kirwan présenta des objections contre le Mémoire de Cavendish relatif à la composition de l'eau, le 5 février 1784. La date de la lecture de la réponse de Cavendish est le 4 mars 1784.

Les expériences sur la densité de la terre embrassèrent l'intervalle du 5 août 1797 au 27 mai 1798. La date de la lecture du Mémoire est le 27 juin 1798.

Dans le Mémoire sur l'eudiomètre, les expériences citées sont de la dernière moitié de 1781, et le Mémoire ne fut lu qu'en janvier 1783. Ici l'intervalle est plus grand que dans les précédentes communications. Mais, d'après la nature du sujet, il est probable que l'auteur se livra à de nouveaux essais en 1782.

Tout rend probable que Watt conçut sa théorie durant le peu de mois ou de semaines qui précédèrent le mois d'avril 1783. Il est certain que cette théorie il la considéra comme sa propriété, car il ne fit allusion à aucune communication analogue et antérieure ; car il ne dit pas avoir entendu raconter que Cavendish fût arrivé aux mêmes conclusions.

On ne saurait croire que Blagden n'eût pas entendu parler de la théorie de Cavendish avant la date de la lettre de Watt, si la théorie avait en effet précédé la lettre et qu'il ne se fût pas empressé de signaler cette circonstance dans les additions qu'il fit au Mémoire de son ami.

Il est bon enfin de remarquer que Watt s'en reposa entièrement sur Blagden du soin de corriger les épreuves, et de tout ce qui pouvait être relatif à l'impression de son Mémoire. Cela résulte d'une lettre encore existante adressée à Blagden. Watt vit son Mémoire seulement après qu'il eut été imprimé.

Les notes de M. Watt fils faisaient partie du manuscrit qui m'a été remis par lord Brougham, et c'est sur la demande expresse de mon illustre confrère que je les ai fait imprimer comme un utile commentaire de son travail.

1. ↑ La letre de Warltire, datée de Birmingham le 18 avril 1781, fut publiée par le docteur Priestley dans le 2ᵉ vol. de ses *Experiments and observations relating to various branches of natural philosophy ; with a continuation of the observations on air,* formant dans le fait le 5ᵉ vol. des *Experiments and observations on different kinds of air,* imprimé à Birmingham en 1781. (*Note de M. Watt fils.*)
2. ↑ La note de Cavendish à la page 127, paraît impliquer que Priestley n'avait aperçu aucune perte de poids ; mais je ne trouve cette assertion dans aucun des mémoires du chimiste de Birmingham.

Les premières expériences de Warltire sur la conflagration des gaz furent faites dans un globe de cuivre dont le poids était de 398 grammes, et le volume de 170 centilitres. L'auteur voulait « décider si la chaleur est ou n'est pas pesante. »

Warltire décrit d'abord les moyens de mélanger les gaz et d'ajuster la balance ; il dit ensuite : « J'équilibrais toujours exactement le vase rempli d'air commun, afin que la différence de poids, à la suite de l'introduction de l'air inflammable, me permît de juger si le mélange avait été opéré dans les proportions voulues. Le passage de l'étincelle électrique rendait le globe chaud. Après qu'il s'était refroidi par son exposition à l'air de la chambre, je le suspendais de nouveau à la balance. Je trouvais toujours une perte de poids, mais il y avait des différences d'une expérience à l'autre. En moyenne la perte fut de 129 milligrammes. »

Warltire continue ainsi : « j'ai enflammé mes airs dans des vases de verre, depuis que je vous l'ai vu faire récemment vous-même (Priestley), et j'ai observé COMME VOUS (*as you did*) que bien que le vase fût net et sec avant l'explosion, il était après, *couvert de rosée* et d'une substance noire (*sooty substance*). »

En balançant tous les droits, le mérite d'avoir aperçu la rosée n'appartient-il pas à Priestley ?

Dans les quelques remarques dont Priestley a fait suivre la lettre de son correspondant, il confirme *la perte de poids,* et ajoute : « Je ne pense pas, cependant, que l'opinion si hardie que la chaleur latente des corps entre pour une part sensible, dans leur poids, puisse être admise sans des expériences faites sur une plus grande échelle. Si cela se confirme, ce sera un fait très-remarquable et qui fera le plus grand honneur à la sagacité de Warltire.

« Il faut dire encore, continue Priestley, qu'au moment où il (Warltire) vit la rosée a la surface intérieure du vase de verre fermé, il dit que cela confirmait une opinion qu'il avait depuis longtemps : l'opinion que l'air commun abandonne son humidité quand il est phlogistiqué. »

Il est donc évident que Warltire expliquait la rosée par la simple précipitation mécanique de l'eau hygrométrique contenue dans l'air commun. (*Note de M. Watt fils.*)

3. ⭫ Nous pouvons en toute assurance déduire de la correspondance inédite de Watt, qu'il avait déjà formé sa théorie sur la composition de l'eau, en décembre 1782, et probablement plus tôt. Au surplus, dans son Mémoire du 21 avril 1783, Priestley déclare qu'avant ses propres expériences, Watt s'était attaché à l'idée que la vapeur d'eau pourrait être transformée en des gaz permanents (p. 416).

Watt lui-même, dans son Mémoire (p. 335), déclare que depuis plusieurs années il avait adopté l'opinion que l'air était une modification de l'eau, et il fait connaître avec détail les expériences et les raisonnements sur lesquels cette opinion s'appuyait. (*Note de M. Watt fils.*)

4. ⭫ La lettre à Priestley fut lue le 22 avril 1784.

5. ⭫ Sans le moindre doute le physicien genevois, alors à Londres, le reçut à cette époque. Il resta dans ses mains jusqu'au moment où Watt entendit parler de la lecture à la Société royale du mémoire de Cavendish. Dès ce moment mon père fit toutes les diligences nécessaires pour que le Mémoire adressé à Deluc et la lettre du 26 avril 1783 adressée au docteur Priestley fussent immédiatement lus à la Société royale. Cette lecture, réclamée par Watt, du Mémoire adressé à Deluc, est du 29 avril 1784. (*Note de M. Watt fils.*).

6. ⭫ Dans une note de son Mémoire du 26 novembre 1783 (p. 331), on lit cette remarque de Watt : « Antérieurement aux expériences du docteur Priestley, Kirwan avait prouvé par d'ingénieuses déductions empruntées à d'autres faits, que l'air inflammable est, suivant toute probabilité, le vrai phlogistique sous une forme aérienne. Les arguments de Kirwan me

semblent à moi parfaitement convaincants ; mais il paraît plus convenable d'établir ce point de la question sur des expériences directe. »

7. ↥ Au bas de la page 331 des Transactions, dans une partie de sa lettre d'*avril* 1783, imprimée en Italique, Watt dit : « Ne sommes-nous pas dès lors autorisé à conclure que l'eau est composée d'air déphlogistiqué et de phlogistique, dépouillés d'une partie de leur chaleur latente ou élémentaire ; que l'air déphlogistiqué, ou l'air pur, est de l'eau privée de son phlogistique et unie à de la chaleur ou à de la lumière élémentaire ; que la chaleur et la lumière y sont certainement contenus à l'état latent, puisqu'elles n'affectent ni le thermomètre, ni l'œil ? Si la lumière est seulement une modification de la chaleur, ou une particularité de son existence, ou une partie constituante de l'air inflammable, alors l'air pur ou déphlogistiqué est de l'eau privée de son phlogistique et unie à de la chaleur élémentaire. »

Ce passage n'est-il pas aussi clair, aussi précis, aussi intelligible que les conclusions de Lavoisier ? (*Note de M. Watt fils.*)

L'obscurité que lord Brougham reproche aux conceptions théoriques de Watt et de Cavendish ne me semble pas réelle. En 1784, on savait préparer deux gaz permanents et très-dissemblables. Ces deux gaz, les uns les appelaient air pur et air inflammable ; d'autres, air déphlogistiqué et phlogistique ; d'autres, enfin, oxygène et hydrogène. Par la combinaison de l'air déphlogistiqué et du phlogistique, on engendra de l'eau ayant un poids égal à celui des deux gaz. L'eau, dès lors, ne fut plus un corps simple : elle se composa d'air déphlogistiqué et de phlogistique. Le chimiste qui tira cette conséquence, pouvait avoir de fausses idées sur la nature intime du phlogistique, sans que cela jetât aucune incertitude sur le mérite de sa première découverte. Aujourd'hui même a-t-on *mathématiquement démontré* que l'hydrogène (ou le phlogistique) est un corps élémentaire ; qu'il n'est pas, comme Watt et Cavendish le crurent un moment, la combinaison d'un radical et d'un peu d'eau ? (*Note de M. Arago.*)

8. ↥ Personne ne devait s'attendre que Watt, écrivant et publiant pour la première fois, en butte aux soucis d'une fabrication immense et d'affaires commerciales également étendues, pourrait lutter avec la plume éloquente et exercée de Lavoisier ; mais le résumé de sa théorie (voyez la page 331 du Mémoire) me paraît à moi, qui, à vrai dire, ne suis peut-être pas un juge impartial, aussi lumineux et aussi remarquable par

l'expression, que les conclusions de l'illustre chimiste français. (*Note de M. Watt fils.*)

9. ↑ Une lettre au professeur Crell, dans laquelle Blagden donna une histoire détaillée de la découverte, parut dans les *Annalen* de 1786. Il est remarquable que, dans cette lettre, Blagden dit qu'il communiqua à Lavoisier les opinions de Cavendish *et de Watt,* et que ce dernier nom figure là pour la première fois dans le récit des confidences verbales du secrétaire de la Société royale. (*Note de M. Watt fils.*)